春秋長曆二種

下册

〔晉〕杜　預　撰
〔清〕陳厚耀　撰
郜積意　點校

中華書局

春秋長曆六

曆編

成公元年　辛未

正月小丙寅。

二月大乙未。經辛酉，二十七日。

三月小乙丑。傳癸未，十九日。

閏月大甲午。

四月小甲子。

五月大癸巳。

六月小癸亥。

七月大壬辰。

八月小壬戌。
九月大辛卯。
十月大辛酉。
十一月小辛卯。
十二月大庚申。

大衍曆推是年閏三月，古曆閏二月。杜曆與大衍曆合。

按自文十三年至此成元年，大衍曆置閏九，杜曆置閏七，校大衍實差二閏。此後雖疎密不齊，然與大衍適相當，不知此時司曆者何以不言失閏？直復四十餘年，至襄二十七年，始言「辰在申，再失閏矣」，不已貿貿乎？然而既差兩月，不即補閏，則每年冬至常在三月，成何曆法？司曆者豈不知之？杜氏爲長曆，遂因此奪其二閏于四十餘年之前，以實傳文之説，恐當日之曆未必如此之謬也。

成公二年　壬申

正月小庚寅。
二月大己未。

三月小己丑。
四月大戊午。經丙戌，二十九日。杜氏云：「四月無丙戌，丙戌，五月一日。」今在四月。
五月小戊子。
六月大丁巳。經癸酉，十七日。傳壬申，十六日。
七月小丁亥。經己酉，二十三日。
八月大丙辰。經壬午，二十七日。
九月小丙戌。經庚寅，初五日。杜氏云：「庚寅，初七日，有日無月。」大衍曆九月大乙酉朔，經庚寅，在此月初六日。
十月大乙卯。
十一月小乙酉。經丙申，十二日。
十二月大甲寅。

成公三年 癸酉

正月大甲申。經辛亥，二十八日。
二月小甲寅。經甲子，十一日。乙亥，二十二日。

三月大癸未。
四月小癸丑。
五月大壬午。
六月小壬子。
七月大辛巳。
八月小辛亥。
九月大庚辰。
十月小庚戌。
十一月大己卯。經丙午，二十八日。丁未，二十九日。
十二月小己酉。傳甲戌，二十六日。
大衍曆推是年閏十一月，古曆亦同。杜曆不閏。

成公四年 甲戌

正月大戊寅。
二月小戊申。

三月大丁丑。經壬申，杜氏云：「壬申，二月二十八日。」則以二月朔爲乙巳也，似太遠。
四月小丁未。經甲寅，初八日。
五月大丙子。
六月大丙午。
七月小丙子。
閏月大乙巳。
八月小乙亥。
九月大甲辰。
十月小甲戌。
十一月大癸卯。
十二月小癸酉。

成公五年　乙亥

正月大壬寅。
二月小壬申。

三月大辛丑。

四月小辛未。

五月大庚子。

六月小庚午。

七月大己亥。

八月大己巳。

九月小己亥。

十月大戊辰。

十一月小戊戌。經己酉，十二日。

十二月大丁卯。經己丑，二十三日。

成公六年 丙子

正月小丁酉。

二月大丙寅。經辛巳，十六日。

三月小丙申。
四月大乙丑。傳丁丑，十三日。
五月小乙未。
六月大甲子。經壬申，初九日。
七月小甲午。
八月大癸亥。
九月小癸巳。
十月大壬戌。
十一月小壬辰。
十二月大辛酉。
大衍曆是年閏七月，古曆亦同。杜曆不閏。

成公七年 丁丑

正月大辛卯。

二月小辛酉〔一〕。
三月大庚寅〔二〕。
四月小庚申〔三〕。
五月大己丑〔四〕。
六月小己未〔五〕。
七月大戊子〔六〕。
八月小戊午〔七〕。經戊辰，十一日〔八〕。大衍曆八月丁亥朔，經戊辰，在九月。

〔一〕「二月小辛酉」，原作「二月大庚申」，據文淵閣本改。
〔二〕「大」，原作「小」，據文淵閣本改。
〔三〕「四月小庚申」，原作「四月大己未」，據文淵閣本改。
〔四〕「大」，原作「小」，據文淵閣本改。
〔五〕「六月小己未」，原作「六月大戊午」，據文淵閣本改。
〔六〕「大」，原作「小」，據文淵閣本改。
〔七〕「八月小戊午」，原作「八月大丁巳」，據文淵閣本改。
〔八〕「十一日」，原作「十二日」，據文淵閣本改。下句「大衍曆」至「在九月」凡十四字，原脱，據文淵閣本補。

閏月大丁亥〔一〕。
九月小丁巳〔二〕。
十月大丙戌。
十一月小丙辰。
十二月大乙酉。

成公八年　戊寅

正月小乙卯。
二月大甲申。
三月小甲寅。
四月大癸未。
五月大癸丑。

〔一〕「大」，原作「小」，據文淵閣本改。
〔二〕「九月小丁巳」，原作「九月大丙辰」，據文淵閣本改。

六月小癸未。
七月大壬子。
八月小壬午。
九月大辛亥。
十月小辛巳。〔經癸卯，二十三日。
十一月大庚戌。
十二月小庚辰。

成公九年　己卯

正月大己酉。
二月小己卯。
三月大戊申。
四月小戊寅。
五月大丁未。
六月小丁丑。

七月大丙午。經「丙子，齊侯無野卒」，杜氏注云：「丙子，六月一日，書七月，從赴。」

八月大丙子。

九月小丙午。

十月大乙亥。

十一月小乙巳。經庚申，十六日。傳戊申，初四日。

閏月大甲戌。

十二月小甲辰。

大衍曆閏在四月，古曆亦同。杜曆閏十一月。

大衍曆是年十一月小甲戌朔，經庚申，在十月。

按大衍曆，閏在十一月前，故十一月爲甲戌朔。

經書「冬，十一月，城中城」，傳曰：「書時也。」杜氏曰：「此十一月之後、十二月之前有閏月，故傳曰『書時』。」〔一〕

按杜以閏月已交十二月節，可以役民，故謂之時，然亦泥。

〔一〕「傳曰書時」，原作「曰時」，此據文淵閣本補。

成公十年　庚辰

正月大癸酉。

二月小癸卯。

三月大壬申。

四月小壬寅。

五月大辛未。傳辛巳，十一日。

六月小辛丑。經丙午，初六日，有日無月；傳在此月。傳戊申，初八日。

七月大庚午〔一〕。

八月小庚子〔二〕。

九月大己巳。

十月小己亥。

十一月大戊辰。

〔一〕「大」，原作「小」，據文淵閣本改。

〔二〕「小」，原作「大」，據文淵閣本改。

十二月大戊戌。

大衍曆六月庚子朔，經丙午，初七日。

成公十一年 辛巳

正月小戊辰。

二月大丁酉。

三月小丁卯。經己丑，二十三日。

四月大丙申。

五月小丙寅。

六月大乙未。

七月小乙丑。

八月大甲午。

九月小甲子。

十月大癸巳。

十一月小癸亥。

十二月大壬辰。

成公十二年 壬午

正月小壬戌。

二月大辛卯。

三月小辛酉。

四月大庚寅。

五月大庚申。 傳癸亥，初四日。

六月小庚寅。

閏月大補[一]己未。

七月小己丑。

八月大戊午。

九月小戊子。

〔一〕「補」字原脱，據文淵閣本補。

十月大丁巳。

十一月小丁亥。

十二月大丙辰。

按是年杜曆原本缺閏，則去前後兩閏太疏，且與下年日辰皆不合，疑傳寫失之。今補一閏于此年〔一〕，則皆合矣。

大衍曆推是年閏正月，古曆閏上年十二月，相去一月，知閏不可缺也。

成公十三年 癸未

正月小丙戌。

二月大乙卯。

三月小乙酉。

四月大甲寅。傳戊午，初五日。

五月小甲申。傳丁亥，初四日。

〔一〕「今」，原作「合」，據文淵閣本改。

六月大癸丑。〔傳丁卯，十五日。己巳，十七日。

七月大癸未。

八月小癸丑。

九月大壬午。

十月小壬子。

十一月大辛巳。

十二月小辛亥。

成公十四年　甲申

正月大庚辰。

二月小庚戌。

三月大己卯。

四月小己酉。

五月大戊寅。

六月小戊申。

七月大丁丑。

閏月小丁未。

八月大丙子。傳戊戌，二十三日。庚子，二十五日。

九月小丙午。

十月大乙亥。經庚寅，十六日。大衍曆十月大乙巳朔，經庚寅，在閏月。

十一月大乙巳。

十二月小乙亥。

大衍曆是年閏十月，古曆閏九月。杜曆閏七月。

成公十五年　乙酉

正月大甲辰。

二月小甲戌。

三月大癸卯。經乙巳，初三日。癸丑，十一日。

四月小癸酉。

五月大壬寅。

六月小壬申。
七月大辛丑。
八月小辛未。經庚辰，初十日。
九月大庚子。
十月小庚午。
十一月大己亥。傳辛丑，初三日。
十二月小己巳。

成公十六年 丙戌

正月大戊戌。
二月小戊辰。
三月大丁酉。
四月小丁卯。經辛未，初五日。傳戊寅，十二日。
五月大丙申。
六月小丙寅。經丙寅朔，日食。甲午晦，二十九日。傳癸巳，二十八日。

七月大乙未。傳戊午，二十四日。

八月小乙丑。

九月大甲午。

十月小甲子。經乙亥，十二日。

十一月大癸巳。

十二月小癸亥。經乙丑，初三日。乙酉，二十三日。

大衍曆云：「六月丙寅朔，日有食之。」郭氏亦云：「以今曆推之，是年六月丙寅朔，加時在晝，去交分二十六日九千八百三十五分，入食限。」

成公十七年 丁亥

正月大壬辰。

二月小壬戌。

三月大辛卯。

四月小辛酉。

五月大庚寅。

六月小庚申。經乙酉，二十六日。傳戊辰，初九日。
七月大己丑〔一〕。傳壬寅，十四日。
八月小己未。
九月大戊子。經辛丑，十四日。
十月小戊午。傳庚午，十三日。
十一月大丁亥。經壬申，杜氏云：「十一月無壬申，日誤。」
十二月小丁巳。經丁巳朔，日食。傳壬午，二十六日。
閏月大丙戌。傳閏月乙卯晦，三十日。
經文書「十有一月，公至自伐鄭。壬申，公孫嬰齊卒于貍脈」，穀梁子曰：「十一月無壬申，壬申乃十月也。」傳壬申亦繫十一月，並誤。
經又書「十有二月丁巳朔，日有食之」，姜氏云：「十二月戊子朔，無丁巳。」似失閏。
按十一月丁巳朔，則十二月朔不得有戊子；月大則丁亥朔，月小則丙戌朔耳。戊

〔一〕「大」，原誤作「小」，據文淵閣本改。

子二字似誤。

大衍推之，十一月丁巳朔，交分入食限。郭氏亦云：「十一月丁巳朔，加時在晝，交分十四日二千八百九十七分，入食限。」今合于十二月。

按曆法推之，則丁巳當在明年正月。今移去前兩次頻月大，而後合于十二月之丁巳朔，並合于閏月之乙卯晦〔一〕，及明年正月之甲申晦、二月之乙酉朔。否則，合于彼不合于此，合于此不合于彼矣。則春秋之曆，不獨閏法有差，而月之大小亦無定也。

又按古曆法，凡月之頻大者，或相去十七月，或相去十五月，自然之數也。今推杜曆有未合者，則稍移頻大之前後以就之，相去亦甚不遠。獨此成十六年之六月丙寅朔，既移去一次頻大以就之矣，理應補一頻大之月以順其舊。乃補之，則不合于成十七年之十二月丁巳朔與明年之二月乙酉朔矣。非惟不可補也，又去一頻大之月，而後一一相合，是去兩次頻大也。未知春秋當日之曆何以錯失如此？而杜氏于此竟無一言及之，不知如何推去也，疑之疑之。

〔一〕自此以下，至年末「疑之疑之」，原脱，據文淵閣本補。

成公十八年　戊子

正月小丙辰。經庚申，初五日。傳庚午，十五日。辛巳，二十六日。甲申晦，二十九日。
二月大乙酉。傳二月乙酉朔。
三月小乙卯。
四月大甲申。
五月小甲寅。
六月大癸未。
七月小癸丑。
八月大壬午。經己丑，初八日。
九月大壬子。
十月小壬午。
十一月大辛亥。
十二月小辛巳。經丁未，二十七日。

襄公元年　己丑

正月大庚戌。〔傳春己亥，杜氏云：「下有二月，則此己亥爲正月，正月無己亥，日誤。」〕

二月大庚辰。

三月小庚戌。

四月大己卯。

五月小己酉。

六月大戊寅。

七月小戊申。

八月大丁丑。

九月小丁未。〔經辛酉，杜氏云：「此月十五日。」則丁未朔也。〕

十月大丙子。

十一月小丙午。

十二月大乙亥。

襄公二年　庚寅

正月大乙巳。
二月小乙亥。
三月大甲辰。
四月小甲戌。
閏月大癸卯。大衍曆閏三月小甲戌朔，古曆閏二月。
五月小癸酉。經庚寅，十八日。
六月大壬寅。經庚辰，六月無庚辰，庚辰在七月，傳繫于七月。大衍曆六月大壬寅朔。
七月小壬申。經己丑，十八日。傳庚辰，初九日。
八月大辛丑。
九月小辛未。
十月大庚子。
十一月大庚午。
十二月小庚子。

襄公三年　辛卯

正月大己巳。

二月小己亥。

三月大戊辰。

四月小戊戌。經壬戌，二十五日。

五月大丁卯。

六月小丁酉。經己未，二十三日。戊寅，七月十三日。

七月大丙寅。杜氏云：「長曆推戊寅七月十三日。」則七月是丙寅朔也。

八月小丙申。

九月大乙丑。

十月小乙未。

十一月大甲子。

十二月小甲午。

經文書「六月己未，同盟于雞澤。戊寅，叔孫豹及諸侯之大夫及陳袁僑盟」。戊寅雖蒙上六月，而傳書叔孫豹事于秋，明戊寅是七月也。經闕「秋七月」字。

大衍曆亦云六月丁酉朔，經戊寅在七月十三日。

襄公四年 壬辰

正月大癸亥。

二月小癸巳。

三月大壬戌。經己酉，杜氏云：「三月無己酉，日誤。」己酉，當作乙酉。

四月小壬辰。

五月大辛酉。

六月小辛卯。

七月大庚申。經戊子，二十九日。

八月大庚寅。經辛亥，二十二日。

九月小庚申。

十月大己丑。

十一月小己未。

十二月大戊子。

大衍曆是年閏十二月，古曆閏十一月。杜閏下年當移置此〔一〕。

襄公五年 癸巳

正月小戊午。

二月大丁亥。

三月小丁巳。

四月大丙戌。傳甲寅，二十九日。見襄六年傳。

閏月小丙辰。

五月大乙酉。

六月小乙卯。

七月大甲申。

八月小甲寅。

〔一〕「閏」，原作「曆」，據文淵閣本改。

九月大癸未。傳丙午，二十四日。

十月小癸丑。

十一月大壬午。傳甲午，十三日。

十二月小壬子。經辛未，二十日。

襄公六年　甲午

正月小壬午。

二月大辛亥。

三月小辛巳。經壬午，初二日。傳乙未，十五日。丁未，二十七日。

四月大庚戌。

五月小庚辰。

六月大己酉。

七月小己卯。

八月大戊申。

九月小戊寅。

十月大丁未。
十一月小丁丑。傳丙辰，在十二月。
十二月大丙午。

襄公七年　乙未

正月小丙子。
二月大乙巳。
三月小乙亥。
四月大甲辰。
五月大甲戌。
六月小甲辰。
七月大癸酉。
八月小癸卯。
九月大壬申。大衍曆九月小壬寅朔，經壬戌，在此月。
十月小壬寅。經壬戌，二十一日。傳庚戌，初九日。

閏月大辛未。大衍曆閏八月大壬申朔，古曆閏七月。
十一月小辛丑。
十二月大庚午。經丙戌，十七日。

襄公八年　丙申

正月小庚子。
二月大己巳。
三月小己亥。
四月大戊辰。傳庚辰，十三日。庚寅，二十三日。
五月小戊戌。傳甲辰，初七日。
六月大丁卯。
七月大丁酉。
八月小丁卯。
九月大丙申。
十月小丙寅。

十一月大乙未。
十二月小乙丑。

襄公九年　丁酉

正月大甲午。
二月小甲子。
三月大癸巳。
四月小癸亥。
五月大壬辰。經辛酉，三十日。
六月小壬戌。
七月大辛卯。
八月小辛酉。經癸未，二十三日。
九月大庚寅。
十月小庚申。傳庚午，十一日。甲戌，十五日。
十一月大己丑。傳己亥，十一日。大衍曆十一月大己丑朔，經十二月己亥，在此月。

十二月大己未。經己亥，傳繫十一月。傳癸亥，初五日。戊寅，二十日。

傳「十二月癸亥，門其三門。閏月戊寅，濟于陰阪」。杜氏云：「以長曆推校上下，此年不得有閏月戊寅，戊寅是十二月二十日，疑閏月當爲門五日。『五』字上與『門』合爲閏，則後人自然轉『日』爲『月』。」顧允中曰：「閏月應作門五日。」

襄公十年　戊戌

正月小己丑。

二月大戊午。

三月小戊子。傳癸丑，二十六日。

四月大丁巳。傳戊午，初二日。丙寅，初十日。

五月小丁亥。經甲午，初八日。傳庚寅，初四日。

六月大丙辰。傳庚午，十五日。

七月小丙戌。

八月大乙卯。傳丙寅，十二日。

九月小乙酉。傳己酉，二十五日。

十月大甲寅。傳戊辰，十五日。

十一月小甲申。傳己亥，十六日。丁未，二十四日。

閏月大癸丑。

十二月小癸未。

大衍曆四月小丁亥朔，是年閏四月，經甲午在閏月，古曆亦閏四月。

蘇氏云：「按杜長曆襄十年十一月丁未是二十四日，十一年四月己亥是十九日，據丁未至己亥一百七十三日，前後除兩殘月〔一〕，惟置四个整月，用日不盡，尚餘二十九日，故杜曆于十年十一月後置閏，既十年有閏，明九年無閏也。」

按襄九年、十年、十一年，經傳上下日月皆合杜曆之説，則置閏宜在襄十年之末，但不必定爲十一月耳。

襄公十一年 己亥

正月大壬子。

〔一〕「後」，原作「年」，據文淵閣本改。

二月大壬午。

三月小壬子。

四月大辛巳。傳己亥，十九日。

五月小辛亥。

六月大庚辰。

七月小庚戌。經己未，初十日。傳丙子，二十七日。

八月大己卯。

九月小己酉。傳甲戌，二十六日。

十月大戊寅。傳丁亥，初十日。

十一月小戊申。

十二月大丁丑。傳戊寅，初二日。庚辰，初四日。壬午，初六日。己丑，十三日。

傳言「冬十二月戊寅，會于蕭魚」，杜氏云：「經書秋後冬前，史失之。」

按經傳時月互異者不一，或史即赴告時書之，或傳所據各國史書，彼此譌舛，不與經合。若諸侯之會，無國不紀，故傳于此年之事，自四月己亥以後，所書月日甚詳。經書「秋七月己未，同盟于亳城北」，後有「公至自伐鄭」「楚子、鄭伯伐宋」二事，則諸侯之再伐鄭也，必在九月。經例不書月，傳固與經不異。鄭受伐，乃使良霄如楚，諸侯觀兵鄭東門，鄭人行成。又晉、鄭交涖盟，已不得復在九月，既涖盟，後始退師，爲蕭魚之會，豈復一月中事乎？蓋下文「冬」字當在會于蕭魚之上，不知何由致誤也？

襄公十二年 庚子

正月小丁未。
二月大丙子。
三月小丙午。
四月大乙亥。
五月小乙巳。
六月大甲戌。
七月大甲辰。
八月小甲戌。
九月大癸卯。
十月小癸酉。

十一月大壬寅。
十二月小壬申。
推古曆，是年閏十二月。杜曆閏明年八月。

襄公十三年　辛丑

正月大辛丑。
二月小辛未。
三月大庚子。
四月小庚午。
五月大己亥。
六月小己巳。
七月大戊戌。
八月小戊辰。
閏月大丁酉。大衍曆是年閏正月。
九月小丁卯。經庚辰，十四日。

十月大丙申。
十一月大丙寅。
十二月小丙申。

襄公十四年　壬寅

正月大乙丑。
二月小乙未。經乙未朔，日食。
三月大甲子。
四月小甲午。經己未，二十六日。
五月大癸亥。
六月小癸巳。
七月大壬戌。
八月小壬辰。
九月大辛酉。
十月小辛卯。

十一月大庚申。

十二月小庚寅。

經書「二月乙未朔，日有食之」，郭氏云：「以今曆推之，是月乙未朔，加時在晝，交分十四日一千三百九十三分，入食限。」

襄公十五年 癸卯

正月大己未。

二月大己丑。經己亥，十一日。

三月小己未。

四月大戊子。

五月小戊午。

六月大丁亥。

七月小丁巳。

八月大丙戌。經丁巳日食，不書朔。

九月小丙辰。

十月大乙酉。

十一月小乙卯。經癸亥，初九日。

十二月大甲申。

經書「秋八月丁巳，日有食之」，不書朔，杜氏云：「八月無丁巳，丁巳，七月一日也，日月必有誤。」姜氏云：「七月丁巳朔食，失一閏也。」大衍曆同。郭氏亦云：「今曆推之，七月丁巳朔，加時在晝，去交分二十六日三千三百九十四分，入食限。」今推得丁巳朔在七月。

大衍曆推是年閏十月乙卯朔，經癸亥在閏月。又推古曆閏九月。杜曆不閏，閏在明年。

襄公十六年 甲辰

正月小甲寅。

二月大癸未。大衍曆二月小癸丑朔，經戊寅，在此月。

三月小癸丑。經戊寅，二十六日。

四月大壬午。大衍曆四月大壬子朔，經甲子，在此月。

五月大壬子。經甲子，十三日。

六月小壬午。〔傳庚寅，初九日。
七月大辛亥。
八月小辛巳。
九月大庚戌。
十月小庚辰。
閏月大己酉。
十一月小己卯。
十二月大戊申。

襄公十七年　乙巳

正月小戊寅。
二月大丁未。〔經庚午，二十四日。
三月小丁丑。
四月大丙午。
五月小丙子。

六月大乙巳。
七月小乙亥。
八月大甲辰。
九月大甲戌。
十月小甲辰。
十一月大癸酉。傳甲午，二十二日。
十二月小癸卯。

襄公十八年　丙午

正月大壬申。
二月小壬寅。
三月大辛未。
四月小辛丑。
五月大庚午。
六月小庚子。

七月大己巳。
八月小己亥。
九月大戊辰。
十月小戊戌。傳丙寅晦，二十九日。
十一月大丁卯。傳丁卯朔，己卯，十三日。乙酉，十九日。
十二月小丁酉。傳戊戌，初二日。己亥，初三日。甲辰，初八日。
大衍曆推是年閏六月，古曆亦同。杜曆閏在明年。

襄公十九年 丁未

正月大丙寅。
二月大丙申。傳甲寅，十九日。
三月小丙寅。
四月大乙未。傳丁未，十三日。
五月小乙丑。傳壬辰晦。
六月大甲午。

七月小甲子。經辛卯，二十八日。

八月大癸巳。經丙辰，二十四日。傳甲辰，十二日。

九月小癸亥。

閏月大壬辰。

十月小壬戌。

十一月大辛卯。

十二月小辛酉。

傳言「夏五月壬辰晦，齊靈公卒」，而經書「秋七月辛卯」，杜氏云：「從赴也。」今依曆推之，則五月晦乃癸巳，而非壬辰。六月甲午朔，而非癸巳。癸巳朔在八月，相去兩月，若曲變其法以從壬辰晦，則與襄二十年之十月丙辰朔又不合矣。竊疑春秋時有用周正者，亦有用夏正者，其各國所書日月，不盡合于魯，故經傳多不合。月每差兩月，日每差一日朔法之差。齊之夏五月，即魯之秋七月。辛卯與壬辰亦相差一日也。俟徐考之。

大衍曆推七月大癸巳朔，經辛卯〔一〕，在六月。八月小癸亥朔，經丙辰在七月。

〔一〕「經」字原脱，據文淵閣本補。

襄公二十年　戊申

正月大庚寅。經辛亥，二十二日。

二月小庚申。

三月大己丑。

四月小己未。

五月大戊子。

六月大戊午。經庚申，初三日。

七月小戊子。

八月大丁巳。

九月小丁亥。

十月大丙辰。經丙辰朔，日食。

十一月小丙戌。

十二月大乙卯。

經書「冬，十月丙辰朔，日有食之」，大衍曆丙辰朔日食。郭氏云：「今曆推之，是年十月丙辰朔，加時在晝，交分十三日七千六百分，入食限。」

襄公二十一年 己酉

正月小乙酉。

二月大甲寅。大衍曆二月小甲申朔，閏二月癸丑朔。

三月小甲申。

四月大癸丑。

五月小癸未。

六月大壬子。

七月小壬午。

八月大辛亥。

閏月小辛巳。

九月大庚戌。經庚戌朔，日食。

十月小庚辰。經庚辰朔，日食。

十一月大己酉。

十二月大己卯。

大衍曆是年閏二月，古曆亦同。杜曆閏八月。

經書「秋九月庚戌朔，日有食之」，大衍曆同。郭氏云：「今曆推之，是月庚戌朔，加時在晝，交分十四日三千六百八十二分，入食限。」

又書「冬，十月庚辰朔，日有食之」，姜氏云：「比月而食，宜在誤條。」大衍曆云：「庚辰朔，日在黄道角四度弱，非食限。」郭氏云：「今曆推之，十月已過食限，不應頻食，姜説爲是。」

按比月而食〔一〕，自古推曆者無是術，即精曆如姜、郭，亦云無比月而食之理。然春秋已兩見，如此年及二十四年是也。或以爲春秋世亂，日度失行之驗。然漢書所載，高帝三年冬十月甲戌晦日食，十一月癸卯晦又日食；文帝三年冬十月丁酉晦日食，十一月丁卯晦又日食；皆比月而食者。豈盡日度失行之故耶？是不可曉。

襄公二十二年　庚戌

正月小己酉。

〔一〕「比」，原誤作「此」，據文淵閣本改。

二月大戊寅。
三月小戊申。
四月大丁丑。
五月小丁未。
六月大丙子。
七月小丙午。經辛酉，十六日。
八月大乙亥。
九月小乙巳。傳己巳，二十五日。
十月大甲戌。
十一月小甲辰。
十二月大癸酉。傳丁巳，杜氏云：「十二月無丁巳，丁巳，十一月十四日。」

襄公二十三年　辛亥

正月大癸卯。
二月小癸酉。經癸酉朔，日食。

三月大壬寅。經己巳，二十八日。
四月小壬申。
五月大辛丑。
六月小辛未。
七月大庚子。
八月小庚午。經己卯，初十日。
九月大己亥。
十月小己巳。經乙亥，初七日。
十一月大戊戌。
十二月小戊辰。
經書「十二月癸酉朔，日有食之」，大衍曆同。郭氏云：「今曆推之，是月癸酉朔，加時在晝，交分二十六日五千七百三分，入食限。」大衍曆推是年閏十二月，古曆閏十一月。杜閏在明年〔一〕。

〔一〕「閏」，原作「曆」，據文淵閣本改。

襄公二十四年　壬子

正月大丁酉。

二月小丁卯。

三月大丙申。

閏月小丙寅。此閏可置上年末。

四月大乙未。

五月小乙丑。

六月大甲午。

七月小甲子。經甲子朔，日食。

八月大癸巳。經癸巳朔，日食。

九月大癸亥。

十月小癸巳。

十一月大壬戌。

十二月小壬辰。

經書「秋，七月甲子朔，日有食之，既」，大衍曆同。郭氏云：「是月甲子朔，加時在晝，日食九分六秒。」

又書「八月癸巳朔，日有食之」，姜氏云：「比月而食，當在誤條。」大衍云：「癸巳朔，日在黄道星二度，過食限，不應食。」郭氏云：「漢志董仲舒以爲比食，又既，今曆推之，交分不叶，不應食。大衍説是。」

劉氏炫云：「日月共盡一體，日食少則月食多，日食多則月食少。日食盡，則前後望月不食。月食盡，則前後朔日不食。以其交道盡，不復相揜故也。此與二十一年頻月日食，理必不然，疑古書歷世遥遠，轉寫失真耳。」趙子常汸曰〔一〕：「按日月交會有常，而積久不無小變動，日或失其常度，則雖巧曆有不能盡者。漢高祖三年十月、十一月晦頻食，文帝三年十月、十一月晦並頻食，是漢初三十年間頻食者再。後世未有，此固未可以常理推也。」

〔一〕「汸」，原誤作「訪」，據文淵閣本改。

春秋長曆七

曆編

襄公二十五年　癸丑

正月大辛酉。

二月小辛卯。

三月大庚申。

四月小庚寅。

五月大己未。〖經乙亥，十七日。〗傳甲戌，十六日。丁丑，十九日。辛巳，二十三日。丁亥，二十九日。

六月小己丑。〖經壬子，二十四日。

七月大戊午。〖傳己巳，十二日。

八月小戊子。〖經己巳，六月有壬子，則八月無己巳，〖傳繫七月，是。

九月大丁巳。
十月小丁亥。〔傳甲午，初八日。
十一月大丙辰。
十二月小丙戌。

襄公二十六年 甲寅

正月大乙卯。
二月小乙酉。〔經辛卯，初七日。甲午，初十日。〔傳庚寅，初六日。
三月大甲寅。〔傳甲寅朔。
四月大甲申。
五月小甲寅。
六月大癸未。
七月小癸丑。
八月大壬午。〔經壬午，即朔日。
九月小壬子。

十月大辛巳。
十一月小辛亥。
十二月大庚辰。傳乙酉，初六日。
閏月小庚戌。

襄公二十七年 乙卯

正月大己卯。
二月大己酉。
三月小己卯。
四月大戊申。
五月小戊寅。傳甲辰，二十七日。丙午，二十九日。
六月大丁未。傳丁未朔。戊申，初二日。甲寅，初八日。丙辰，初十日。壬戌，十六日。丁卯，二十一日。戊辰，二十二日。庚午，二十四日。壬申，二十六日。
七月小丁丑。經辛巳，初五日。傳戊寅，初二日。庚辰，初四日。壬午，初六日。乙酉，初九日。
八月大丙午。

九月小丙子。傳庚辰，初五日。辛巳，初六日。

十月大乙巳。

十一月小乙亥。

十二月大甲辰。經乙亥朔，日食，傳在十一月。

經書「十二月乙亥朔，日有食之」，傳書「十一月乙亥朔，日有食之」，杜氏云：「今長曆推得十一月朔，非十二月。」姜氏云：「十一月乙亥朔，交分入食限。」大衍曆同。郭氏亦云：「是年十一月乙亥朔，加時在晝，交分初日八百二十五分，入食限。」

傳曰：「辰在申，司曆過也，再失閏矣。」杜氏云：「謂斗建指申。周十一月，夏之九月，斗當建戌而在申，故知再失閏也。若是，十二月則爲三失閏矣。」又云：「文十一年三月甲子，至今年七十一歲，應有二十六閏，今長曆推得二十四閏，通計少再閏。釋例言之詳矣。」孔氏云：「曆十九年爲一章，章有七閏，從文十一年至襄十三年，凡五十七年，已成三章，當有二十一閏。又從襄十四年至今爲十四年，又當有五閏，故應有二十六閏也。長曆推得二十四閏者，杜以長曆實於其間分置二十四閏。

按二十四閏者，文十二、十六，宣二、五〔一〕、十、十二、十五，成元、四、七、九、十二、十四、十七，襄二、五、七、十、十三、十六、十九、二十一、二十四、二十六。共二十四閏。

釋例云：「魯之司曆，漸失其閏，至此年日食之月，始覺其謬，遂頓置兩閏，以應天正。前閏月爲建酉，後閏月爲建戌，十二月爲建亥，而歲終焉。是故明年經書『春，無冰』，傳以爲『時災』。若不復頓置兩閏，則明年春是今之九月、十月、十一月，無冰，非天時之異〔二〕，無緣總書春也。」劉氏云：「曆家之術，求閏餘易，求交食難。今司曆能正交朔，反不能置閏，非人情也。閏有章準，率三十二月一逢，如傳所言『再失閏』者，則司曆廢閏殆七十月，彌五年矣〔三〕，亦非人情也。明年春無冰，杜氏云『頓置兩閏以應天正』，故正月建子，得以無冰爲災。頓置兩閏，詭聽駭俗，亦非人情也。」啖氏云：「按傳于此言『司曆過也』，哀十三年又記仲尼曰『司曆過也』，皆指王朝曆官，與桓十七年傳曰『官失之也』意同。其曰『天子有日官，諸侯有日御。日官居卿以厎日，日御不失日，以授百官于朝』，則所謂司曆與官

〔一〕「五」，原作「六」，據文淵閣本改。
〔二〕「異」，原作「災」，據孔疏引釋例文、文淵閣本改。
〔三〕「彌」，原作「朔」，據文淵閣本改。

非謂魯人明矣。杜氏乃以爲魯之司曆，哀十三年傳注又云『季孫雖聞仲尼之言，而不正閏』，皆謂魯自有曆，實承劉歆之誤，而非傳意也。劉氏之説見漢書律曆志，其所傳魯曆，不與春秋相符，杜氏亦以爲好事者爲之〔一〕。竊謂周室雖衰，猶君臨列國，崩薨卒葬皆告諸侯，必無不頒曆之理。借令喪亂之際，頒不以時，諸侯亦必不敢輒自爲曆。使諸侯皆自爲曆，則齊晉大國當先爲之。如大國皆自爲曆，而所差往往若此，則當時所稱盟會卒葬日月，魯史當以何國爲正？使魯史所書日月差錯，與周曆不同，韓宣子見魯春秋，何以輒曰『周禮盡在魯矣』？此必無之事也。」

按頓置兩閏，成何曆法？洵乎詭聽，不知杜氏何據云此？且以日食校之，襄此年十一月乙亥朔日食，大衍曆與杜曆同。至昭七年四月甲辰朔日食，大衍曆亦與杜曆同。此十二年間，皆置閏者四，年月相當。若復增兩閏〔二〕，則二曆之日食必不合矣。此以知魯曆必無是也。

〔一〕「氏」，原作「曆」，據文淵閣本改。
〔二〕「兩」，原作「而」，據文淵閣本改。

又按周曆雖失閏，然止可差一閏〔一〕，不得差再閏者，失閏兩月，則冬至常在三月，而立春至於五月矣。司曆者謬不至此。其所以斗當在戌而在申者，蓋春秋時歲差之法未行，天度已漸移而人不知。又或失一閏，則占候者遂以兩失閏矣。

又按魯人使既補兩閏，則曆已正矣。而哀十二年十二月螽，仲尼又曰『火猶西流，司曆過也』，豈正曆之後不七十年，而又差一月耶？補閏之説，誠未可信也。

襄公二十八年 丙辰

正月小甲戌。

二月大癸卯。

三月大癸酉。

四月小癸卯。

五月大壬申。

六月小壬寅。

〔一〕「止」，原作「正」，據文淵閣本改。

七月大辛未。
八月小辛丑。
九月大庚午。
十月小庚子。傳丙辰，十七日。
十一月大己巳。傳乙亥，初七日。丁亥，十九日。癸巳，二十五日。
十二月小己亥。傳乙亥朔，誤。經甲寅，十六日。乙未，乙誤。
傳言「十二月乙亥朔」，杜氏云：「十二月戊戌朔，乙亥誤，十二月無乙未，日誤。」劉氏以此年之前當有閏月，然推勘上下日月，不得有閏也。趙子常曰：「甲寅距乙未四十二日，此中有閏月，胡傳亦以乙未爲閏十二月之日也。」
按襄二十九年有閏，則此年不得有閏，經之己未誤乙，傳之己亥亦誤乙也。若置一閏以合于經傳，則二十九年之日皆不合矣。
襄公二十九年丁巳
正月大戊辰。
二月小戊戌。傳癸卯，初六日。

三月大丁卯。

四月小丁酉。

五月大丙寅。經庚午，初五日。

六月小丙申。

七月大乙丑。

八月大乙未。

閏月小乙丑。大衍曆是年閏五月，古曆閏四月。

九月大甲午。傳乙未，初二日。

十月小甲子。傳庚寅，二十七日。

十一月大癸巳。傳乙卯，二十三日。

十二月小癸亥。傳己巳，初七日。

襄公三十年　戊午

正月大壬辰。

二月小壬戌。傳癸未，二十二日。

三月大辛卯。

四月小辛酉。傳己亥，己，當作乙，十五日。戊子，二十八日。

五月大庚寅。經甲午，初五日。傳癸巳，初四日。

六月小庚申。

七月大己丑。傳庚子，十二日。辛丑，十三日。壬寅，十四日。癸卯，十五日。乙巳，十七日。癸丑，二十五日。

八月小己未。傳甲子，初六日。己巳，十一日。

九月大戊子。

十月大戊午。

十一月小戊子。

十二月大丁巳。

傳云：「二月癸未，晉悼夫人食輿人之城杞者，絳縣人或年長矣，往與于食。使言其年曰：『臣生之歲，正月甲子朔，四百有四十五甲子矣，其季于今三之一也。』吏走問諸朝，師曠曰：『七十三年矣。』士文伯曰：『然則二萬六千六百有六旬也。』」杜氏云：「所稱正月，謂夏正月也。」孔氏云：「文十一年至此年爲七十四年〔一〕，而云七十三年者，按文十一年正月甲子朔，爲夏之正月，是其年三月也。此年之二月癸未，是夏之十二月，計七十三年，猶未終也。」劉待制曰：「季，末也。今，今日也。謂已得四百四十四全甲子，其末一甲子六十日，而今日乃癸未，纔得二十日也。故曰三之一。」林氏曰：「四百四十五甲子，合得二萬六千七百日〔二〕，以其末三分六甲之一，故少四十日，實得二萬六千六百六十日也。」

按正月甲子，是周之三月，則晉人猶用夏正月也。竊意春秋時，周正、夏正列國互用，故所書多不合，大率差兩月者居多。考之往古，詩書皆用夏正。其以建子月爲正月〔三〕，實始于東遷後時王之制，非文武之制也。若果國初文武之制，豈以孔子從周之民而敢曰「行夏之時」耶？周初用十一月爲歲首，而不改月，亦不改時，仍稱冬十一月，但以此爲歲首耳。蔡九峰辨之甚詳。

〔一〕「十一」，原誤作「十三」，據文淵閣本改。
〔二〕「七」，原作「六」，據文淵閣本改。
〔三〕下「月」字，原作「者」，據文淵閣本改。

襄公三十一年 己未

正月小丁亥。
二月大丙辰。
三月小丙戌。
四月大乙卯。
五月小乙酉。
六月大甲寅。經辛巳，二十八日。
七月小甲申。
八月大癸丑。
九月小癸未。經癸巳，十一日。己亥，十七日。
十月大壬子。經癸酉，二十二日。
十一月小壬午。
十二月大辛亥。

按古曆是年閏十二月。

昭公元年　庚申

正月小辛巳。傳乙未，十五日。

二月大庚戌。

三月大庚辰。傳甲辰，二十五日。

四月小庚戌。

五月大己卯。傳庚辰，初二日。癸卯，二十五日。

六月小己酉。經丁巳，初九日。

七月大戊寅。

八月小戊申。

九月大丁丑。

十月小丁未。

十一月大丙子。經己酉，杜氏云：「長曆推己酉在十二月六日，經傳皆言十一月，月誤也。」

十二月小丙午。傳甲辰朔，不合。庚戌，初五日，杜氏云七日。

閏月大乙亥。大衍曆是年閏正月。

大衍曆云閏正月大庚戌朔，與此合。五月大戊申朔，經丁巳在此月。

按傳言「十二月甲辰朔，烝于温」，今推得十二月丙午朔，相去四个月，後丙午四个月〔一〕，得甲辰朔。縱如杜氏襄二十七年頓置兩閏之説，當得乙巳朔，非甲辰朔也。不知杜曆如何推去？

昭公二年　辛酉

正月小乙巳。

二月大甲戌。

三月小甲辰。

四月大癸酉。

五月小癸卯。

六月大壬申。

七月大壬寅。傳壬寅，即朔日。

〔一〕「後」，原作「從」，據文淵閣本改。

八月小壬申。
九月大辛丑。
十月小辛未。
十一月大庚子。
十二月小庚午。

昭公三年　壬戌

正月大己亥。（經丁未，初九日。）
二月小己巳。
三月大戊戌。
四月小戊辰。
五月大丁酉。
六月小丁卯。
七月大丙申。
八月小丙寅。

九月大乙未。
十月大乙丑。
十一月小乙未。
十二月大甲子。
大衍曆是年閏九月，古曆亦同。杜閏在明年〔一〕。

昭公四年　癸亥

正月小甲午。
二月大癸亥。
三月小癸巳。
四月大壬戌。
閏月小壬辰。
五月大辛酉。

〔一〕「閏」，原作「曆」，據文淵閣本改。

六月小辛卯。〔傳丙午，十六日。

七月大庚申。

八月小庚寅。〔傳甲申，杜氏云：「八月無甲申，甲申在七月二十六日。」則以七月己未朔也。

九月大己未。

十月小己丑。

十一月大戊午。

十二月小戊子。〔經乙卯，二十八日。〔傳癸丑，二十六日。

昭公五年　甲子

正月大丁巳。

二月大丁亥。

三月小丁巳。

四月大丙戌。

五月小丙辰。

六月大乙酉。

七月小乙卯。經戊辰，十四日。
八月大甲申。
九月小甲寅。
十月大癸未。
十一月小癸丑。
十二月大壬午。

昭公六年　乙丑

正月小壬子。
二月大辛巳。
三月小辛亥。傳壬子，初二日，見昭七年傳。
四月大庚辰。
五月大庚戌。
六月小庚辰。傳丙戌，初七日。
七月大己酉。

閏月小己卯。大衍曆是年閏六月，古曆亦同。
八月大戊申。
九月小戊寅。
十月大丁未。
十一月小丁丑。
十二月大丙午。

昭公七年　丙寅

正月小丙子。傳癸巳，十八日。壬寅，二十七日。
二月大乙巳。傳戊午，十四日。
三月小乙亥。
四月大甲辰。經甲辰朔，日食。
五月小甲戌。
六月大癸卯。
七月小癸酉。

八月大壬寅。經戊辰，二十七日。

九月大壬申。

十月小壬寅。傳辛酉，二十日。

十一月大辛未。經癸未，十三日。

十二月小辛丑。經癸亥，二十三日。

經書「四月甲辰朔，日有食之」，大衍曆同。郭氏亦云：「是月甲辰朔，加時在晝，交分二十七日二百九十八分，入食限。」

昭公八年 丁卯

正月大庚午。

二月小庚子。

三月大己巳。傳甲申，十六日。

四月小己亥。經辛丑，初三日。傳辛亥，十三日。

五月大戊辰。

六月小戊戌。

七月大丁卯。傳甲戌，初八日。丁丑，十一日。

八月小丁酉。傳庚戌，十四日。

九月大丙寅。

十月小丙申。經壬午，杜氏云：「壬午，月十八日，傳繫十一月，誤。」則以八月後置一閏也。

十一月大乙丑。傳壬午，十八日。

十二月小乙未。

杜氏曆是年閏八月，今移下年末，説見後。

昭公九年 戊辰

正月大甲子。

二月大甲午。庚申，二十七日。

三月小甲子。

四月大癸巳。

五月小癸亥。

六月大壬辰。

七月小壬戌。
八月大辛卯。
九月小辛酉。
十月大庚寅。
十一月小庚申。
十二月大己丑。
閏月小移己未。

經書「夏四月，陳災」，傳言「火出而火陳」，杜氏云：「火出于周爲五月，而以四月出者，以長曆推上年誤置閏，閏當在此年五月後。」

按杜以上年誤置一閏者，蓋推勘上下日月而知之。故于上年閏八月，以合于經之十月壬午。然合于經之十月壬午，而不合於傳之十一月壬午，及九年之二月庚申、十年之七月戊子、十二月之甲子，不知如何推去？愚以上年不必置閏，壬午從傳在十一月，則九年之二月庚申皆合，卻于九年末置一閏，以合于十年之月日，則兩得之矣。今僭易之，亦遵杜說也。

大衍曆是年閏在三月，古曆閏二月，知閏當在此年。

昭公十年　己巳

正月大戊子。

二月小戊午。

三月大丁亥。

四月大丁巳。

五月小丁亥。傳庚辰，五月無庚辰，似誤。

六月大丙辰。

七月小丙戌。經戊子，初三日。

八月大乙卯。

九月小乙酉。

十月大甲寅。

十一月小甲申。

十二月大癸丑。經甲子，十二日。

昭公十一年　庚午

正月小癸未。
二月大壬子。
三月小壬午。傳丙申，十五日。
四月大辛亥。經丁巳，初七日。
五月小辛巳。經甲申，初四日。
六月大庚戌。
七月小庚辰。
八月大己酉。
九月大己卯。經己亥，二十一日。
十月小己酉。
十一月大戊寅。經丁酉，二十日。
十二月小戊申。

大衍曆推是年閏十二月，古曆閏十一月，杜閏明年。

昭公十二年　辛未

正月大丁丑。

閏月小丁未。

二月大丙子。

三月小丙午。經壬申，二十七日。

四月大乙亥。

五月小乙巳。

六月大甲戌。

七月小甲辰。

八月大癸酉。傳壬午，初十日。

九月小癸卯。

十月大壬申。傳壬申朔。丙申，二十五日。丁酉，二十六日。

十一月大壬寅。

十二月小壬申。

昭公十三年　壬申

正月大辛丑。

二月小辛未。

三月大庚子。

四月小庚午。

五月大己亥。傳癸亥，二十五日。乙卯，十七日。丙辰，十八日。

六月小己巳。

七月大戊戌。傳丙寅，二十九日。

八月小戊辰。經甲戌，初七日。傳辛未，初四日。壬申，初五日。癸酉，初六日。

九月大丁酉。

十月小丁卯。

十一月大丙申。

十二月小丙寅。

經書「夏四月，楚公子比自晉歸于楚，弒其君虔于乾谿」，傳曰：「夏五月癸亥，王縊于芋尹申亥氏。乙卯夜，國人大驚，子干、子晳皆自殺。丙辰，棄疾即位。」杜氏云：「癸亥，五月二十六日。」杜以五月爲戊戌朔。實在乙卯、丙辰之後，傳先言之者，因申亥求王，遂言王縊，是傳終言之也。既五月統癸亥日，而乙卯、丙辰亦是五月之日，雖言有顛倒，皆蒙此五月之文也。

昭公十四年 癸酉

正月大乙未。

二月小乙丑。

三月大甲午。

四月大甲子。

五月小甲午。

六月大癸亥。

七月小癸巳。

八月大壬戌。

九月小壬辰。傳甲午，初三日。

十月大辛酉。

十一月小辛卯。

十二月大庚申。

大衍曆推是年閏七月，古曆亦同。杜曆在明年。

昭公十五年　甲戌

正月小庚寅。

二月大己未。經癸酉，十五日。

三月小己丑。

四月大戊午。

五月小戊子。

六月大丁巳。經丁巳朔，日食。傳乙丑，初九日。

七月小丁亥。

八月大丙辰。傳戊寅，二十三日。

九月大丙戌。

閏月小丙辰。

十月大乙酉。

十一月小乙卯。

十二月大甲申。

經書「六月丁巳朔，日有食之」，大衍曆推五月丁巳朔食，失一閏。郭氏亦云：「今曆推之，是年五月丁巳朔，加時在晝，交分十三日九千五百六十七分，入食限。」

按大衍曆，閏在日食之前，故日食在五月。杜置閏在日食之後，故日食在六月。

昭公十六年　乙亥

正月小甲寅。

二月大癸未。傳丙申，十四日。

三月小癸丑。

四月大壬午。

五月小壬子。

六月大辛巳。

七月小辛亥。
八月大庚辰。經己亥，二十日。
九月小庚戌。
十月大己卯。
十一月大己酉。
十二月小己卯。

昭公十七年　丙子

正月大戊申。
二月小戊寅。
三月大丁未。
四月小丁丑。
五月大丙午。
六月小丙子。經甲戌朔，日食。
七月大乙巳。

八月小乙亥。
九月大甲辰。傳丁卯，二十四日。庚午，二十七日。
十月小甲戌。
十一月大癸卯。
十二月小癸酉。
大衍曆推五月大丙午朔，閏五月小丙子朔，六月小乙巳朔，九月小甲戌朔。古曆是年閏四月。
經書「夏，六月甲戌朔，日有食之」，姜氏云：「六月乙巳朔，交分不叶，不應食，當誤。」大衍曆云：「六月乙巳朔，不應有食，姜氏是也。當在九月甲戌朔日食，黄道婁四度。」郭氏亦云：「是年九月甲戌朔，加時在晝，交分二十六日七千六百五十分，入食限。」徐圃臣曰：「當是昭十五年六月日食，移此而誤也。」
按昭十五年並無甲戌朔，經書六月丁巳，與此無涉。徐説非也。此日食，姑闕疑。

昭公十八年　丁丑

正月大壬寅。

閏月小壬申。此閏可置上年末。

二月大辛丑。傳乙卯，十五日。

三月大辛未。

四月小辛丑。

五月大庚午。經壬午，十三日。傳丙子，初七日。戊寅，初九日。

六月小庚子。

七月大己巳。

八月小己亥。

九月大戊辰。

十月小戊戌。

十一月大丁卯。

十二月小丁酉。

昭公十九年 戊寅

正月大丙寅。

二月小丙申。
三月大乙丑。
四月小乙未。
五月大甲子。經戊辰，初五日。己卯，十六日。傳乙亥，十二日。
六月大甲午。
七月小甲子。傳丙子，十三日。
八月大癸巳。
九月小癸亥。
十月大壬辰。
十一月小壬戌。
十二月大辛卯。

推算古曆，是年當閏十二月。大衍曆閏明年二月〔一〕。

〔一〕「大衍曆閏明年二月」八字原脱，據文淵閣本補。

昭公二十年 己卯

正月小辛酉。

二月大庚寅。傳「己丑，日南至」，不合。己丑在正月二十九日，正月誤作二月。

三月小庚申。

四月大己丑。

五月小己未。

六月大戊子。傳丙申，初九日。癸卯，十六日。丙辰，二十九日。丁巳晦。

七月小戊午。傳戊午朔。

八月大丁亥。傳辛亥，二十五日〔一〕。

閏月小丁巳。傳戊辰，十二日。

九月大丙戌。

十月大丙辰。傳戊辰，十三日。

十一月小丙戌。經辛卯，初六日。

〔一〕「二十五日」，原作「初六日」，據文淵閣本改。

十二月大乙卯。

傳曰「春，王二月，己丑，日南至」，杜氏云：「是歲朔旦冬至之歲也。當言正月己丑朔，日南至。時史失閏，閏更在二月後，故傳于二月記南至日以正曆也。」孔氏云：「曆法十九年爲一章，章首之歲，必正月朔旦冬至。僖五年正月辛亥朔日南至，是章首之年，計僖五年至上年昭十九年，合一百三十三年，是爲七章。今年復爲首章，當言『正月己丑朔，日南至』，今傳乃云『二月己丑，日南至』，是錯名正月爲二月也。曆之正法，章首上年十二月後宜置一閏，則此年正月當是上年閏月，此年二月乃是正月。時史失閏，上年錯不置閏，傳于『八月』之下乃云『閏月戊辰，殺宣姜』，是閏在二月後也。」

按古之推曆者皆以僖五年正月辛亥朔日南至爲朔旦冬至，是章首之年，亦蔀首之年也。至今昭二十年一百三十三年，共有七章，除去四章爲一蔀，餘三章，閏餘尚畸四分之一，則昭之二十年雖爲章首，而非朔旦冬至之年。傳言『己丑』，未嘗言『朔』，而杜遽加以朔旦，何也？且此年並非章首也。春秋之時，曆法章蔀乖次久矣，若果爲章首之年，則此年何得有閏八月乎？傳所以特紀此年南至者，原非以正曆之故，因此日梓慎望氛，預知宋亂、蔡喪之故耳。若必以己丑爲二月朔，則下文日月及戊午朔皆推不去矣。

愚以己丑爲正月晦日，是日冬至，傳誤書正月爲二月，不過一字之謡，與孔氏錯名正月爲二月之説同。考大衍曆亦云：「正月二十九日己丑冬至。」

大衍曆推是年正月小辛酉朔，二十九日己丑冬至。二月大庚寅朔，閏二月小庚申朔，三月己丑朔，四月己未朔，五月戊子朔，六月戊午朔。與此俱同。

傳言「六月丙辰，衛侯在平壽」云云，「丁巳晦，公入，與北宫喜盟於彭水之上。秋七月戊午朔，遂盟國人」。孔氏曰：「丙辰、丁巳乃是頻日，其事既多，不應一日之中并爲此事。今杜不云日誤者，以誤在可知。且宣二年『壬申，朝於武宫』，注云：『壬申，十月五日，有日而無月。冬又在壬申下，明傳文無較例。』又注哀十二年傳云：『此事經在二月釁上，今倒在下，更具列其月以爲别者，傳本不以爲義例，故不皆齊同。』如杜此言，或傳因簡牘之辭，不復具顯其日月。」趙子常曰：「此説得之而未盡，故劉侍讀每疑傳妄説。」見二十三年。

昭公二十一年　庚辰

正月小乙酉。

二月大甲寅。

三月小甲申。
四月大癸丑。
五月小癸未。傳丙申，十四日。壬寅，二十日。
六月大壬子。傳庚午，十九日。
七月小壬午。經壬午朔，日食。
八月大辛亥。經乙亥，二十五日。
九月小辛巳。
十月大庚戌。傳丙寅，十七日。
十一月小庚辰。傳癸未，初四日。丙戌，初七日。
十二月大己酉。

經書「秋，七月壬午朔，日有食之」，大衍曆同。郭氏亦云：「是月壬午朔，加時在晝，交分二十六日八千七百九十四分，入食限。」

昭公二十二年　辛巳

正月小己卯。

二月大戊申。〜傳甲子，十七日。己巳，二十二日。

三月小戊寅。

四月大丁未。〜經乙丑，十九日。〜傳戊辰，二十二日。

五月小丁丑。〜傳庚辰，初四日。

六月大丙午。〜傳丁巳，十二日。壬戌，十七日。癸亥，十八日。乙丑，二十日。丙寅，二十一日。辛未，二十六日。乙亥，三十日。

七月小丙子。〜傳戊寅，初三日。辛卯，十六日。壬辰，十七日。

八月大乙巳。〜傳辛酉，十七日。己巳，二十五日。庚午，二十六日。辛未，二十七日。

九月小乙亥。

十月大甲辰。〜傳丁巳，十四日。庚申，十七日〔一〕。

十一月小甲戌。〜傳乙酉，十二日。己丑，十六日。

十二月大癸卯。〜經癸酉朔，日食。〜傳庚戌，初八日。

閏月小癸酉。〜傳閏月，辛丑，二十九日。

〔一〕「庚申十七日」五字原脱，據文淵閣本補。

大衍曆是年七月小丙子朔，十月大甲辰朔，閏十月大甲戌朔，十一月小甲辰朔，十二月大癸酉朔。古曆閏九月。

經書「十有二月癸酉朔，日有食之」，杜氏云：「以長曆推校前後，當爲癸卯朔，書癸酉，誤。」孔氏云：「庚戌上去癸酉三十七日，若此月癸酉朔，其月不得有庚戌。又傳十二月下有『閏月，辛丑』，辛丑是壬寅之前日也。二十三年傳正月壬寅朔，則辛丑是閏月之晦日也。又計明年正月之朔與今年十二月朔，中有一閏，相去五十九日。此年十二月當爲癸卯朔，經書癸酉，明是誤也。」大衍曆十二月癸酉朔日食，黄道箕四度半强。郭氏亦云：「是月癸酉朔，交分十四日一千八百，入食限。杜預以長曆推得癸卯，非是。」

按大衍、授時曆，推是年日食皆得癸酉。而杜氏以爲癸卯，則以閏月前後之不同也〔一〕。二曆閏在日食前，故十二月即癸酉。杜曆閏在日食後，故十二月得癸卯〔二〕。杜之不復移閏在前者，以閏十二月見傳，不可改移，故以癸酉爲癸卯之誤。不知日食自有一定之交分、相距之定日，非可差一月也。杜不曉推日食，而但以經傳之日月校之，則失之矣。

〔一〕「則」，原作「别」，據文淵閣本改。
〔二〕「故」，原作「經」，「癸卯」，原作「癸丑」，據文淵閣本改。

經當書閏十二月癸酉朔，日食，失一閏字，非卯誤爲酉。且校之前年七月壬午朔日食，與二十四年之五月乙未朔日食，無不與大衍合，則十二月之爲癸酉無疑。

昭公二十三年　壬午

正月大壬寅。傳壬寅朔，經癸丑，十二日。傳癸卯，初二日。丁未，初六日。庚戌，初九日。
二月大壬申。上年二、三兩頻大月移此，自此以後悉如古曆日月。
三月小壬寅。
四月大辛未。傳乙酉，十五日。
五月小辛丑。
六月大庚午。傳壬午，十三日。癸未，十四日。丙戌，十七日。己丑，二十日。庚寅，二十一日。甲午，二十五日。
七月小庚子。經戊辰晦，二十九日。傳戊申，初九日。丙辰，十七日。甲子，二十五日。丙寅，二十七日。
八月大己巳。經乙未，二十七日。傳丁酉，二十九日。
九月小己亥。
十月大戊辰。傳甲申，十七日。

十一月小戊戌。

十二月大丁卯。

經書「春，王正月，叔孫婼如晉」，傳：「春王正月，壬寅朔〔一〕，二師圍郊。癸卯，郊、鄩潰。丁未，晉師在平陰，王師在澤邑。王使告間。庚戌，還。邾人城翼，還自離姑。武城人取邾師。邾人愬于晉，晉人來討」。經：「癸丑，晉人執我行人叔孫婼」。劉氏云：「是年正月有壬寅朔，有庚戌有癸丑，傳敘邾事在庚戌之後，經記叔孫如晉在癸丑之前。夫庚戌、癸丑四日耳，邾人已能訴于晉，晉人已能來討，何其神速也？故曰不然。」趙子常云：「按左氏采衆記以釋經，其附麗斷截，皆以經爲主。或先經以始事，或後經以終義，則所記之事各有本末，自不容以日月次其先後。如此年，傳自壬寅朔至庚戌還，是記晉人圍郊本末〔二〕。自邾人城翼至晉人來討，是原叔孫如晉之由。非謂邾人城翼以後之事皆在庚戌後也。如劉侍讀所難，則作傳者必如近代所修日曆而後可。」

〔一〕「朔」字原脱，據傳文、文淵閣本改。

〔二〕「郊」，原誤作「邾」，據文淵閣本改。

昭公二十四年　癸未

正月小丁酉。傳辛丑，初五日。戊午，二十二日。

二月大丙寅。經丙戌，二十一日。

三月小丙申。傳庚戌，十五日。

四月大乙丑。

五月小乙未。經乙未朔，日食。

六月大甲子。傳壬申，初九日。

七月小甲午。

八月大癸亥。

九月大癸巳。經丁酉，杜氏云：「丁酉，九月五日，有日而無月。」

十月小癸亥。傳癸酉，十一日。甲戌，十二日。

十一月大壬辰。

十二月小壬戌。

經書「五月乙未朔，日有食之」，大衍曆同。郭氏亦云：「是月乙未朔，交分二十六日三千八百三十九分，入食限。」

大衍曆云八月小甲子朔，經丁酉在九月。

昭公二十五年　甲申

正月大辛卯。

二月小辛酉。

三月大庚寅。

四月小庚申。

五月大己丑。

六月小己未。

七月大戊子。經上辛，初四日。季辛，二十四日。

八月小戊午。

九月大丁亥。經己亥，十三日。傳戊戌，十二日。

十月小丁巳。經戊辰，十二日。傳辛酉，初五日。壬申，十六日。

十一月大丙戌。經己亥，十四日。

十二月大丙辰。傳庚辰，二十五日。

閏月小丙戌。

據大衍曆，原本是年缺閏，以前後推之，當閏六月。古曆閏六月。大衍是年八月小戊子朔，九月大丁巳朔，經己亥在八月。十月小丁亥朔，經戊辰在九月。十一月大丙辰朔，經己亥，在十月。

昭公二十六年　乙酉

正月大乙卯。傳庚申，初六日。

二月小乙酉。

三月大甲寅。

四月小甲申。

五月大癸丑。傳戊午，初六日。戊辰，十六日。

六月小癸未。

七月大壬子。傳己巳，十八日。庚午，十九日。丙子，二十五日。丁丑〔一〕，二十六日。庚辰，二十九日。辛巳，

〔一〕「丁丑」，原誤作「丁巳」，據文淵閣本改。

三十日。

八月小壬午。

九月大辛亥。〔經庚申，初十日。

十月小辛巳。〔傳丙申，十六日。辛丑，二十一日。

十一月大庚戌。〔傳辛酉，十二日。癸酉，二十四日。甲戌，二十五日。

十二月小庚辰。〔傳癸未，初四日。

昭公二十七年　丙戌

正月大己酉。

二月小己卯。

三月大戊申。

四月大戊寅。

五月小戊申。

六月大丁丑。

七月小丁未。

八月大丙子。
九月小丙午。傳己未，十四日。
十月大乙亥。
十一月小乙巳。
十二月大甲戌。

昭公二十八年　丁亥

正月小甲辰。
二月大癸酉。
三月小癸卯。
四月大壬申。經丙戌，十五日。
五月小壬寅。
閏月大辛未。大衍曆閏三月小癸酉朔，古曆閏二月。
六月小辛丑。
七月大庚午。經癸巳，二十四日。

八月大庚子。
九月小庚午。
十月大己亥。
十一月小己巳。
十二月大戊戌。

昭公二十九年　戊子

正月小戊辰。
二月大丁酉。
三月小丁卯。傳己卯，十三日。
四月大丙申。經庚子，初五日。
五月小丙寅。傳庚寅，二十五日。
六月大乙未。
七月小乙丑。
八月大甲午。

九月小甲子。
十月大癸巳。
十一月大癸亥。
十二月小癸巳。

昭公三十年 己丑

正月大壬戌。
二月小壬辰。
三月大辛酉。
四月小辛卯。
五月大庚申。
閏月小庚寅。大衍曆閏十二月小丁巳朔，古曆閏十一月。
六月大己未。經庚辰，二十二日。
七月小己丑。
八月大戊午。

九月小戊子。
十月大丁巳。
十一月小丁亥。
十二月大丙辰。〔傳己卯，二十四日。〕

昭公三十一年　庚寅

正月小丙戌。
二月大乙卯。
三月大乙酉。
四月小乙卯。〔經丁巳，初三日。〕
五月大甲申。
六月小甲寅。
七月大癸未。
八月小癸丑。
九月大壬午。

十月小壬子。傳庚午，十九日。

十一月大辛巳。

十二月小辛亥。經辛亥朔，日食。

經書「十有二月辛亥朔，日有食之」，大衍曆同。郭氏亦云：「是月辛亥朔，交分二十六日六千一百二十八分，入食限。」

昭公三十二年 辛卯

正月大庚辰。

二月小庚戌。

三月大己卯。

四月小己酉。

五月大戊寅。

六月大戊申。

七月小戊寅。

八月大丁未。

九月小丁丑。

十月大丙午。

十一月小丙子。（傳己丑，十四日。）

十二月大乙巳。（經己未，十五日。）

春秋長曆八

曆編

定公元年 壬辰

正月小乙亥。〔傳辛巳，初七日。庚寅，十六日。

二月大甲辰。

三月小甲戌。

四月大癸卯。

五月小癸酉。

六月大壬寅。〔經癸亥，二十二日。〔傳戊辰，二十七日。

七月小壬申。〔經癸巳，二十二日。

八月大辛丑。

九月小辛未。
十月大庚子。
十一月大庚午。
十二月小庚子。
大衍曆是年閏在八月，古曆閏七月。杜閏在明年。

定公二年 癸巳

正月大己巳。
二月小己亥。
三月大戊辰。
四月小戊戌。傳辛酉，二十四日。大衍曆四月大丁卯朔，經五月壬辰，在此月。
五月大丁卯。經壬辰，二十六日。
閏月小丁酉。
六月大丙寅。
七月小丙申。

八月大乙丑。
九月小乙未。
十月大甲子。
十一月小甲午。
十二月大癸亥。

定公三年 甲午

正月小癸巳。
二月大壬戌。經辛卯，三十日。
三月大壬辰。
四月小壬戌。
五月大辛卯。
六月小辛酉。
七月大庚寅。
八月小庚申。

九月大己丑。
十月小己未。
十一月大戊子。
十二月小戊午。

定公四年　乙未

正月大丁亥。
二月小丁巳。經癸巳，「二月癸巳，陳侯吳卒」，杜氏云：「癸巳，正月七日，書二月，從赴。」
三月大丙戌。
四月小丙辰。經庚辰，二十五日。
五月大乙酉。
六月大乙卯〔一〕。
七月小乙酉。

〔一〕「乙卯」，原誤作「己卯」，據文淵閣本改。

閏月大甲寅。大衍曆閏四月，古曆亦同。
八月小甲申。
九月大癸丑。
十月小癸未。
十一月大壬子。經庚午，十九日。庚辰，二十九日。傳己卯，二十八日。
十二月小壬午。

定公五年　丙申

正月大辛亥。
二月大辛巳。
三月小辛亥。經辛亥朔，日食。
四月大庚辰。
五月小庚戌。
六月大己卯。經丙申，十八日。

七月小己酉〔一〕。經壬子，初四日。
八月大戊寅。
九月小戊申。傳乙亥，二十八日。
十月大丁丑。傳丁亥，十一日。己丑，十三日。庚寅，十四日。
十一月小丁未。
十二月大丙子。
經書「春，王，三月辛亥朔，日有食之」，大衍曆同。郭氏亦云：「三月辛亥朔，交分十四日三百三十四分，入食限。」

定公六年 丁酉

正月小丙午。經癸亥，十八日。
二月大乙亥。
三月小乙巳。

〔一〕「己酉」，原誤作「乙酉」，據文淵閣本改。

四月大甲戌。傳己丑，十六日。
五月小甲辰。
六月大癸酉。
七月小癸卯。
八月大壬申。
九月小壬寅。
十月大辛未。
十一月小辛丑。
十二月大庚午。

推古曆是年閏十二月，杜曆在八年二月。

定公七年　戊戌

正月小庚子。大衍曆正月大庚子朔，己巳冬至。三統曆正月己巳朔冬至。殷曆庚午朔。
二月大己巳。
三月大己亥。

四月小己巳。
五月大戊戌。
六月小戊辰。
七月大丁酉。
八月小丁卯。
九月大丙申。
十月小丙寅。
十一月大乙未。傳戊午，二十四日。
十二月小乙丑。傳己巳，初五日〔一〕。
大衍曆推是年閏正月小庚午朔，杜曆閏明年二月。

定公八年　己亥

正月大甲午。

〔一〕「五」，原誤作「三」，據文淵閣本改。

二月小甲子。傳己丑，二十六日。辛卯，二十八日。
閏月大癸巳。
三月小癸亥。
四月大壬辰。
五月大壬戌。
六月小壬辰。
七月大辛酉。經戊辰，初八日。
八月小辛卯。
九月大庚申。
十月小庚寅。傳辛卯，初二日。壬辰，初三日。癸巳，初四日。
十一月大己未。
十二月小己丑。

定公九年　庚子

正月大戊午。

二月小戊子。
三月大丁巳。
四月小丁亥。經戊申，二十二日。
五月大丙辰。
六月小丙戌。
七月大乙卯。
八月小乙酉。
九月大甲寅。
十月大甲申。
十一月小甲寅。
十二月大癸未。
大衍曆推是年閏十月，古曆閏九月。杜曆閏明年六月。

定公十年 辛丑
正月小癸丑。

二月大壬午。
三月小壬子。
四月大辛巳。
五月小辛亥。
六月大庚辰。
閏月小庚戌。此閏可置上年末。
七月大己卯。
八月小己酉。
九月大戊寅。
十月小戊申。
十一月大丁丑。
十二月大丁未。

定公十一年 壬寅

正月小丁丑。

二月大丙午。
三月小丙子。
四月大乙巳。
五月小乙亥。
六月大甲辰。
七月小甲戌。
八月大癸卯。
九月小癸酉。
十月大壬寅。
十一月小壬申。
十二月大辛丑。

定公十二年 癸卯

正月小辛未。
二月大庚子。

三月小庚午。
四月大己亥。
五月大己巳。
六月小己亥。
七月大戊辰。
八月小戊戌。
九月大丁卯。
十月小丁酉。經癸亥，二十七日。
十一月大丙寅。經丙寅朔，日食。
閏月小丙申。大衍曆閏七月小戊戌朔，古曆閏六月。
十二月大乙丑。

經書「十有一月丙寅朔，日有食之」，大衍曆十月丙寅朔日食，非十一月也。經癸亥，在九月。郭氏亦云：「今曆推之，是年十月丙寅朔，加時在晝，交分十四日二千六百二十二分，入食限，失一閏也。」

按閏在日食後，自然以十月丙寅朔爲十一月也。

定公十三年 甲辰

正月小乙未。

二月大甲子。

三月小甲午。

四月大癸亥。

五月小癸巳。

六月大壬戌。

七月小壬辰。

八月大辛酉。

九月大辛卯。

十月小辛酉。

十一月大庚寅。傳丁未，十八日。

十二月小庚申。傳辛未，十二日。

定公十四年　乙巳

正月大己丑。

二月小己未。經辛巳，二十三日。

三月大戊子。

四月小戊午。

五月大丁亥。

六月小丁巳。

七月大丙戌。

八月小丙辰。

九月大乙酉。

十月小乙卯。

十一月大甲申。

十二月大甲寅。

杜氏曆是年閏十二月，今移明年二月，以均前後。

定公十五年　丙午

正月小甲申。

閏月大癸丑。大衍曆閏三月，古曆閏二月。

二月小癸未。經辛丑，十九日。

三月大壬子。

四月小壬午。

五月大辛亥。經辛亥，即朔日。壬申，二十二日。

六月小辛巳。

七月大庚戌。經壬申，二十三日。

八月小庚辰。經庚辰朔，日食。

九月大己酉。經丁巳，初九日。戊午，初十日。

十月小己卯。經辛巳，初三日。杜氏以經辛巳蒙上九月，實十月也，有日而無月。

十一月大戊申。

十二月小戊寅。

經書「八月庚辰朔，日有食之」，大衍曆同。郭氏亦云：「是月庚辰朔，交分十三日七千六百八十五分，入食限。」大衍曆云正月小甲申朔，二十八日辛亥冬至，經辛丑在此月；閏三月大壬子朔，五月辛亥朔，八月庚辰朔，九月己酉朔，經辛巳，在十月初三日。

哀公元年 丁未

正月大丁未。

二月小丁丑。

三月大丙午。

四月大丙子。經辛巳，初六日。

五月小丙午。

六月大乙亥。

七月小乙巳。

八月大甲戌。

九月小甲辰。

十月大癸酉。
十一月小癸卯。
十二月大壬申。

哀公二年　戊申

正月小壬寅。
二月大辛未。〔經癸巳，二十三日。
三月小辛丑。
四月大庚午。〔經丙子，初七日。
五月小庚子。
六月大己巳。〔傳乙酉，十七日。
七月大己亥。
八月小己巳。〔經甲戌，初六日。
九月大戊戌。
十月小戊辰。

十一月大丁酉。

閏月小丁卯。大衍曆是年亦閏十一月，古曆皆合。

十二月大丙申。

哀公三年　己酉

正月小丙寅。

二月大乙未。

三月小乙丑。

四月大甲午。經甲午，即朔日。

五月小甲子。經辛卯，二十八日。

六月大癸巳。傳癸卯，十一日。

七月小癸亥。經丙子，十四日。

八月大壬辰。

九月小壬戌。

十月大辛卯。經癸卯，十三日。傳癸丑，二十三日。

十一月大辛酉。
十二月小辛卯。

哀公四年　庚戌〔一〕

正月大庚申。
二月小庚寅。經庚戌，二十一日。
三月大己未。
四月小己丑。
五月大戊午。
六月小戊子。經辛丑，十四日。
七月大丁巳。傳庚午，十四日。
八月小丁亥。經甲寅，二十八日。
九月大丙辰。

〔一〕「庚戌」，原誤作「戊戌」，據文淵閣本改。

十月小丙戌。
十一月大乙卯。
十二月小乙酉。

哀公五年　辛亥

正月大甲寅。
二月小甲申。
三月大癸丑。
四月大癸未。
五月小癸丑。
六月大壬午。
七月小壬子。
八月大辛巳。
九月小辛亥。〔經癸酉，二十三日。〕
十月大庚辰。

閏月小庚戌。大衍曆是年閏八月，古曆閏七月。

十一月大己卯。

十二月小己酉。

經書「冬，叔還如齊。閏月，葬齊景公」。

按經書「閏月」于「冬」後，上間叔還如齊一事，下文無紀，則閏月未知何月，疑是閏亦在年末也。杜閏十月，未知何據。

大衍曆閏八月小辛巳朔，經癸酉在閏月。

哀公六年　壬子

正月大戊寅。

二月小戊申。

三月大丁丑。

四月小丁未。

五月大丙子。

六月大丙午。傳戊辰，二十三日。

七月小丙子。經庚寅，十五日。
八月大乙巳。
九月小乙亥。
十月大甲辰。傳丁卯，二十四日。
十一月小甲戌。
十二月大癸卯。

哀公七年 癸丑

正月小癸酉。
二月大壬寅。
三月小壬申。
四月大辛丑。
五月小辛未。
六月大庚子。
七月小庚午。

八月大己亥。經己酉，十一日。
九月小己巳。
十月大戊戌。
十一月大戊辰。
十二月小戊戌。
閏月大丁卯。此閏可置明年。

哀公八年 甲寅

正月小丁酉。
二月大丙寅。
三月小丙申。
四月大乙丑。
五月小乙未。
六月大甲子。
七月小甲午。

八月大癸亥。
九月小癸巳。
十月大壬戌。
十一月小壬辰。
十二月大辛酉。經癸亥，初三日。
大衍曆于是年閏五月，古曆閏四月。杜曆閏在上年。

哀公九年　乙卯

正月大辛卯。
二月小辛酉。傳甲戌，十四日。
三月大庚寅。
四月小庚申。
五月大己丑。

六月小己未〔一〕。
七月大戊子。
八月小戊午。
九月大丁亥。
十月小丁巳。
十一月大丙戌。
十二月小丙辰。

哀公十年 丙辰

正月大乙酉。
二月小乙卯。
三月大甲申。經戊戌，十五日。
四月小甲寅。

〔一〕「己」，原譌作「乙」，據文淵閣本改。

五月大癸未。

閏月大癸丑。古曆閏十二月，大衍曆閏明年正月，則此閏可置年末。

六月小癸未。

七月大壬子。

八月小壬午。

九月大辛亥。

十月小辛巳。

十一月大庚戌。

十二月小庚辰。

哀公十一年 丁巳

正月大己酉。

二月小己卯。

三月大戊申。

四月小戊寅。

五月大丁未。經甲戌，二十八日。傳壬申，二十六日〔一〕。
六月小丁丑。
七月大丙午。經辛酉，十六日。
八月小丙子。
九月大乙巳。
十月大乙亥。
十一月小乙巳。
十二月大甲戌。
大衍曆推是年閏正月。

哀公十二年　戊午

正月小甲辰。
二月大癸酉。

〔一〕「二十六」，原譌作「二十五」，據丁未朔可知。

三月小癸卯。
四月大壬申。
五月小壬寅。經甲辰，初三日。
六月大辛未。
七月小辛丑。
八月大庚午。
九月小庚子。
十月大己巳。
十一月小己亥。
十二月大戊辰。傳丙申，二十九日。

傳云「冬，十二月螽。季孫問諸仲尼，仲尼曰：『丘聞之，火伏而後蟄者畢，今火猶西流，司曆過也。』」杜氏云：「周之十二月，今之十月，是歲應置閏而失不置，雖十二月，實今之九月，司曆誤一月。九月之初尚温，故得有螽。」又曰：「火猶西流，言未盡没，知是九月。釋例論之備。」孔氏云：「季孫雖聞仲尼之言，猶不即改。至明年十二月復螽，始于十四年春置閏，欲以補正時曆也。傳又于十五年書閏，欲明十四年之閏，于法當在十二年也。」

按自襄二十七年至此哀十二年，共六十四年，杜曆置閏二十三，大衍曆亦置閏二十三，未嘗失一閏也。而十二月螽，火猶西流，明是天度歲差之故〔一〕，閏後猶未見，閏前則物候多違耳。補正曆閏之説，皆是臆解。曆頒自天子，豈季孫之所得而補哉？且自哀十一年至哀十五年，共五年，應有兩閏，殊非補一閏也。

哀公十三年　己未

正月大戊戌。

二月小戊辰。

三月大丁酉。

四月小丁卯。

五月大丙申。

〔一〕「差」，原作「星」，據文淵閣本改。

六月小丙寅。傳丙子，十一日。乙酉，二十日。丙戌，二十一日。丁亥，二十二日。

七月大乙未。傳辛丑，初七日。

八月小乙丑。

九月大甲午。

十月小甲子。

十一月大癸巳。

十二月小癸亥。

大衍曆推是年閏九月，古曆亦同。杜閏在明年。

哀公十四年　庚申

正月大壬辰。

二月小壬戌。

閏月大辛卯。此閏亦可置上年末。

三月小辛酉。

四月大庚寅。經庚戌，二十一日。

五月大庚申。經庚申朔，日食。傳壬申，十三日。庚辰，二十一日。
六月小庚寅。傳甲午，初五日。
七月大己未。
八月小己丑。經辛丑，十三日。
九月大戊午。
十月小戊子。
十一月大丁巳。
十二月小丁亥。

經書「五月庚申朔，日有食之」。大衍曆亦同。郭氏云：「是月庚申朔，交分二十六日九千二百一分，入食限。」郭守敬云：「春秋二百四十二年間，凡三十有六日食，以授時曆推之，惟襄公二十一年十月庚辰朔，及二十四年八月癸巳朔不入食限。蓋自有曆以來，無比月而食之理。其三十四食，食皆在朔，經或不書日，不書朔，公、穀以爲食晦、二者，非。左氏以爲史官失之者，得之。其間或差一月、二月者，蓋由古曆疎闊，置閏失當之弊。姜岌、一行已有定説。孔子作春秋，但因時曆以書，非大義所關，故不必致詳也。」

哀公十五年　辛酉

正月大丙辰。

二月小丙戌。

三月大乙卯。

四月小乙酉。

五月大甲寅。

六月小甲申。

七月大癸丑。

八月大癸未。

九月小癸丑。

十月大壬午。

十一月小壬子。

十二月大辛巳。

閏月小辛亥。傳閏月。

傳文「冬，及齊平。至閏月，良夫與大子入。」

按傳繫「閏月」于「冬」後，相隔二事，疑即十二月也。故杜曆從之。然此年實不應閏，由閏法失當之故。若置之明年末，則前後兩閏方均。孔氏以爲傳特書閏月，以明十四年之閏當在十二年者，亦非是。

哀公十六年　壬戌

正月大庚辰。經己卯，正月無己卯，己卯在前月二十九日。

二月小庚戌。

三月大己卯。

四月小己酉。經己丑，杜氏云：「四月十八日乙丑，無己丑。己丑，五月十二日，日月必有誤。」

五月大戊寅。

六月小戊申。

七月大丁丑。

八月小丁未。

九月大丙子。

十月小丙午。
十一月大乙亥。
十二月大乙巳。
按此年己卯與己丑兩日辰皆不合，若移上年之閏于此年之末，則皆合矣。傳上年所書閏月，或據衞事書之，與魯曆不合也。上年無閏，則此年正月辛亥朔，二十九日得己卯。四月己卯朔，則十一日得己丑。

哀公十七年 癸亥

正月小乙亥。
二月大甲辰。
三月小甲戌。
四月大癸卯。
五月小癸酉。
六月大壬寅。
七月小壬申。傳己卯，初八日。

八月大辛丑。
九月小辛未。
十月大庚子。
十一月小庚午。傳辛巳，十二日。
十二月大己亥。
　自此年至哀二十七年，爲左氏所附。有傳無經，所載日月甚略。杜曆及大衍曆、授時曆皆無所發明。今姑據古曆推之。
哀公十八年　甲子
　正月小己巳。
二月大戊戌。
三月小戊辰。
四月大丁酉。
五月大丁卯。
六月小丁酉。

七月大丙寅。
八月小丙申。
九月大乙丑。
十月小乙未。
十一月大甲子。
十二月小甲午。

哀公十九年　乙丑

正月大癸亥。
二月小癸巳。
閏月大壬戌。
三月小壬辰。
四月大辛酉。
五月小辛卯。
六月大庚申。

七月大庚寅。
八月小庚申。
九月大己丑。
十月小己未。
十一月大戊子。
十二月小戊午。

哀公二十年 丙寅

正月大丁亥。
二月小丁巳。
三月大丙戌。
四月小丙辰。
五月大乙酉。
六月小乙卯。
七月大甲申。

八月小甲寅。
九月大癸未。
十月小癸丑。
十一月大壬午。
十二月大壬子。

哀公二十一年　丁卯〔一〕

正月小壬午。
二月大辛亥。
三月小辛巳。
四月大庚戌。
五月小庚辰。
六月大己酉。

〔一〕「丁卯」，原誤作「丁丑」，據文淵閣本改。

七月小己卯。
八月大戊申。
九月小戊寅。
十月大丁未。
十一月小丁丑。
閏月大丙午。
十二月小丙子。

哀公二十二年　戊辰

正月大乙巳。
二月大乙亥。
三月小乙巳。
四月大甲戌。
五月小甲辰。
六月大癸酉。
七月小癸卯。

八月大壬申。
九月小壬寅。
十月大辛未。
十一月小辛丑。傳丁卯，二十七日。
十二月大庚午。

哀公二十三年　己巳

正月小庚子。
二月大己巳。
三月小己亥。
四月大戊辰。
五月小戊戌。
六月大丁卯。傳壬辰，二十六日〔一〕。
七月大丁酉。

〔一〕「傳壬辰二十六日」，原誤繫於八月下，據文淵閣本移正。

八月小丁卯。
九月大丙申。
十月小丙寅。
十一月大乙未。
十二月小乙丑。

哀公二十四年 庚午

正月大甲午。
二月小甲子。
三月大癸巳。
四月小癸亥。
五月大壬辰。
六月小壬戌。
七月大辛卯。
八月小辛酉。

九月大庚寅。

十月小庚申。

十一月大己丑。

十二月大己未。

閏月小己丑。推古曆，當閏七月。

傳自書二十四年夏四月之後，別無日月，至傳末，書「閏月，公如越」云，以下並無別傳，則此閏月繫之年末，可也。

哀公二十五年 辛未

正月大戊午。

二月小戊子。

三月大丁巳。

四月小丁亥。

五月大丙辰。傳庚辰，二十五日。

六月小丙戌。

七月大乙卯。
八月小乙酉。
九月大甲寅。
十月小甲申。
十一月大癸丑。
十二月小癸未。

哀公二十六年　壬申

正月大壬子。
二月大壬午。
三月小壬子。
四月大辛巳。
五月小辛亥。
六月大庚辰。
七月小庚戌。

八月大己卯。

九月小己酉。

十月大戊寅。傳辛巳，初四日。

十一月小戊申。

十二月大丁丑。

哀公二十七年　癸酉

正月小丁未〔一〕。

二月大丙子〔二〕。

三月小丙午〔三〕。

四月大乙亥。傳己亥，二十五日。

閏月小乙巳。

〔一〕「小」，原作「大」，據文淵閣本改。
〔二〕「大」，原作「小」，據文淵閣本改。
〔三〕「小」，原作「大」，據文淵閣本改。

五月大甲戌。

六月大甲辰。

七月小甲戌。

八月大癸卯。〈傳甲戌，八月無甲戌，甲戌在七月初一日。蓋閏在年末，故以七月爲八月耳。〉

九月小癸酉。

十月大壬寅。

十一月小壬申。

十二月大辛丑。

春秋長曆九

曆存

長曆退兩月譜自隱元年至桓十八年止〔一〕

隱公元年　己未〔二〕

正月小庚辰。

二月大己酉。

三月大己卯。

〔一〕自「長曆」至「年止」凡十六字，原本無，據文淵閣本補。

〔二〕「己未」二字原脱，據文淵閣本補。

四月小己酉。
五月大戊寅。傳辛丑，二十四日。
六月小戊申。
七月大丁丑。
八月小丁未。
九月大丙子。
十月小丙午。傳庚申，十五日。
十一月大乙亥。
十二月小乙巳。

杜氏云「隱元年正月辛巳朔」，大衍曆正月辛亥朔，初十日庚申冬至。程氏云：「自三統至欽天，推隱元年正月朔，或辛亥、或庚戌、或壬子，視大衍曆前後差一日，以傳五月辛丑、十月庚申考之，則正月朔非辛亥，故始還就以辛巳爲朔。若從辛巳，則冬至不在正月。意者差閏只在今年，而杜氏考之不詳耳。」

按隱元年正月朔，推古曆當得庚戌，而杜氏以爲辛巳，辛巳實上年十二月也。杜以隱元之前失閏，故推勘經傳皆不合，乃借前一月辛巳爲隱元之正月朔，而後合于五月之辛丑、十月之庚申，及二年十二月之乙卯、三年二月之己巳、十二月之癸未、五年十二月之辛巳、六年五月之辛酉、庚申、七年七月之庚申與十二月之壬申、辛巳，然與二年八月之庚辰、三年十二月之庚戌、四年二月之戊申又不合也。杜氏以爲合者多而不合者少，故從其多者，而皆先一月以就之。然與隱三年之二月己巳日食、桓三年之七月壬辰朔日食，及僖五年之九月戊申朔皆不合。愚謂考曆以日食爲主，後之推曆者皆能上溯而得之，非如日月之干支可諉之爲傳寫之誤也。若從杜曆，則日食之不合者皆推不去矣。因思隱元之前非失一閏，乃多一閏耳。莫如退一月以就之，古曆隱元正月朔庚戌，二月朔庚辰。今退一月以庚辰爲正月朔，比杜氏辛巳朔實後兩月也。則日食之不合者無不合，而其中干支之或合或不合者，亦與杜曆等，殊爲得之。

又按既退一月，則冬至常在十二月，與杜曆先一月則冬至常在二月等，皆不免遷就之患。然推至僖五年以後，則冬至皆在正月矣。

宋趙子常名汸所著春秋屬辭，内有「日月差謬」一條。細開杜氏長曆及唐大衍曆日月異同，與合朔日食經傳不同處，頗稱詳密。今逐年録入，以備參考。但杜長曆久失傳，而唐書大衍曆亦未載春秋曆考，不知趙氏何本也？豈別有所據耶？

隱公二年 庚申

正月大甲戌。

二月小甲辰。

三月大癸酉。

四月小癸卯。

五月大壬申。

六月大壬寅。

七月小壬申。

八月大辛丑。〔經庚辰，杜氏云：「八月無庚辰，庚辰，七月九日。」

九月小辛未。

十月大庚子。

十一月小庚午。

十二月大己亥。〔經乙卯，十七日。

閏月小己巳。

杜氏云閏月庚午朔。大衍曆閏十一月，推古曆亦同。

隱公三年 辛酉

正月大戊戌。

二月小戊辰。經己巳日食，己巳，初二日。

三月大丁酉。經庚戌，十四日。傳壬戌，二十六日。

四月小丁卯。經辛卯，二十五日。

五月大丙申。

六月小丙寅。

七月大乙未。

八月小乙丑。經庚辰，十六日。

九月大甲午。

十月大甲子。

十一月小甲午。

十二月大癸亥。經癸未，二十一日。傳庚戌，在明年正月十八日。

經書「二月己巳，日食」，杜氏注云：「不書朔，官失之。」穀梁云：「言日不言朔，食晦日也。朔、日並不言，食二日也。」姜岌校春秋日食云：「是歲二月己亥朔，無己巳，似失一閏。三月己巳朔，去交分入食限。」大衍與姜氏合。郭守敬授時曆云：「是歲三月己巳朔，加時在晝，去交分二十六日六千六百三十一分，入食限。」

按古曆三月當戊辰朔，二日得己巳。此退一月算，則二月即戊辰朔也。己巳日食，在二日。杜曆得己巳，則先一月故耳〔一〕。姜氏等所推三月己巳日食，從定朔也。大衍曆三月小己巳朔，經三月庚戌，在四月；四月辛卯，在五月。八月大丙申朔，經八月庚辰，在九月。十二月大甲午朔，經十二月癸未，在明年正月。此以大衍曆法推春秋，故多不合。

隱公四年　壬戌

正月小癸巳。

二月大壬戌。經戊申，杜云：在三月十七日〔二〕。

〔一〕「月」，原作「日」，據文淵閣本改。

〔二〕「杜云在三月十七日」八字原脱，據文淵閣本補。

三月小壬辰。
四月大辛酉。
五月小辛卯。
六月大庚申。
七月小庚寅。
八月大己未。
九月小己丑。
十月大戊午。
十一月小戊子。
十二月大丁巳。

杜氏曰：「二月戊申，在三月十七日，有日而無月。」蓋以上年十二月有癸未，則此年二月無戊申，戊申書衞事，不蒙上文「二月，莒人伐杞」，故曰〔一〕「有日而無月」。

〔一〕「曰」字原脱，據文淵閣本補。

隱公五年　癸亥

正月小丁亥。

二月大丙辰。

三月大丙戌。

四月小丙辰。

五月大乙酉。

六月小乙卯。

七月大甲申。

八月小甲寅。

九月大癸未。

十月小癸丑。

十一月大壬午。

十二月小壬子。〔經辛巳，閏月朔，杜氏云「二十九日」，蓋前一月算故。

閏月大辛巳。

大衍曆閏八月，杜曆閏十二月，今從之。

隱公六年 甲子

正月小辛亥。
二月大庚辰。
三月小庚戌。
四月大己卯。
五月大己酉。經辛酉，十三日。傳庚申，十二日。
六月小己卯。
七月大戊申。
八月小戊寅。
九月大丁未。
十月小丁丑。
十一月大丙午。
十二月小丙子。

隱公七年　乙丑

正月大乙巳。
二月小乙亥。
三月大甲辰。
四月小甲戌。
五月大癸卯。
六月小癸酉。
七月大壬寅。〖傳庚申，十九日。
八月小壬申。
九月大辛丑。
十月大辛未。
十一月小辛丑。
十二月大庚午。〖傳壬申，初三日。辛巳，十二日。
閏月小庚子。

大衍曆閏在下年四月，古曆亦然。今從杜曆。

隱公八年　丙寅

正月大己巳。

二月小己亥。

三月大戊辰。經庚寅，二十三日。

四月小戊戌。傳甲辰，初七日。辛亥，十四日。甲寅，十七日。

五月大丁卯。

六月小丁酉。經己亥，初三日。辛亥，十五日。

七月大丙寅。經庚午，初五日。

八月小丙申。傳丙戌，在七月。

九月大乙丑。經辛卯，二十七日。

十月小乙未。

十一月大甲子。

十二月大甲午。

杜元凱曰：「八月丙戌誤，上有七月庚午，下有九月辛卯，則八月不得有丙戌。丙戌在七月二十日，或九月二十一日，紀鄭事也。」

大衍曆推此年閏四月，五月小己亥朔，經六月己亥、辛亥，在此月。六月大戊辰朔，經七月庚午在此月。八月大丁卯朔，經九月辛卯，在此月。此自以其定閏定朔推之，故不與春秋曆相合也。下皆倣此。

隱公九年　丁卯

正月小甲子。

二月大癸巳。

三月小癸亥。經癸酉，十一日。庚辰，十八日。

四月大壬辰。

五月小壬戌。

六月大辛卯。

七月小辛酉。

八月大庚寅。

九月小庚申。

十月大己丑。

閏月小己未。

十一月大戊子。傳甲寅，二十七日。

十二月小戊午。

按古曆此年不應閏月，大衍曆亦不閏。杜氏置閏于此十月，以合丁十一月之甲寅也。此以前皆先一月，今補一閏，則月皆從其本朔。大衍曆云三月小甲午朔，經癸酉、庚辰，在四月。

隱公十年　戊辰

正月大丁亥。傳癸丑，二十七日。

二月小丁巳。

三月大丙戌。

四月大丙辰。

五月小丙戌。

六月大乙卯。經壬戌，初八日。辛未，十七日。辛巳，二十七日。傳戊申，誤。庚午，十六日。庚辰，二十六日。

七月小乙酉。傳庚寅，初六日。

八月大甲寅。傳壬戌，初九日。癸亥，初十日。

九月小甲申。傳戊寅，杜云：「九月無戊寅，戊寅在八月。」

十月大癸丑。經壬午，三十日。

十一月小癸未。

十二月大壬子。

傳六月戊申，杜氏注云：「六月無戊申，戊申，五月二十三日。」

按此年爲一章之終，當閏十二月。大衍曆閏在下年正月。杜曆不閏，而置之桓元年之末，以從經傳日月，不論章法矣。通春秋一書皆然。然前後推移，終不越乎章蔀之外，故逐年閏法，雖多隨杜之遷就，而仍考古章蔀以稽其得失。其太疎太密者，亦按法損益之，亦不必盡從杜氏。其大衍曆雖與春秋不合，然其曆與章蔀之法稍近，故並附記之。

隱公十一年　己巳

正月小壬午〔一〕。

二月大辛亥〔二〕。

三月小辛巳〔三〕。

四月大庚戌〔四〕。

五月小庚辰。傳甲辰，二十五日。

六月大己酉。

七月小己卯。經壬午，初四日。傳庚辰，初二日〔五〕。

八月大戊申。

九月大戊寅。

〔一〕「小」，原誤作「大」，據文淵閣本改。

〔二〕「大」，原誤作「小」，據文淵閣本改。

〔三〕「小」，原誤作「大」，據文淵閣本改。

〔四〕「大」，原誤作「小」，據文淵閣本改。

〔五〕「日」，原誤作「月」，據文淵閣本改。

十月小戊申。傳壬戌，十五日。

十一月大丁丑。經壬辰，十六日。

十二月小丁未。

大衍是年閏正月，七月大庚戌朔，十一月大戊申朔。

桓公元年　庚午

正月大丙子。

二月小丙午。

三月大乙亥。

四月小乙巳。經丁未，初三日。

五月大甲戌。

六月小甲辰。

七月大癸酉。

八月小癸卯。

九月大壬申。

十月小壬寅。
十一月大辛未。
十二月大辛丑。
閏月小辛未。
杜氏曆此年及桓七年皆閏十二月，兩閏相去六年，若于中間桓四年補一閏，率則三年一閏也。説見桓五年。
大衍是年四月大丙子朔，經丁未，在五月。

桓公二年　辛未

正月大庚子。經戊申，初九日。
二月小庚午。
三月大己亥。
四月小己巳。經戊申，杜云「戊申，在五月初十日。」
五月大戊戌。
六月小戊辰。

七月大丁酉。
八月小丁卯。
九月大丙申。
十月小丙寅。
十一月大乙未。
十二月小乙丑。
大衍曆推四月大庚午朔，經戊申在五月，是年閏九月。古曆亦當閏九月。杜以上年既閏，故此年不閏。然則桓四年之一閏不可少也。

桓公三年　壬申

正月大甲午。
二月小甲子。
三月大癸巳。
四月大癸亥。
五月小癸巳。

六月大壬戌。

七月小壬辰。經壬辰朔，日食。

八月大辛酉。

九月小辛卯。

十月大庚申。

十一月小庚寅。

十二月大己未。

經文書「七月壬辰朔，日有食之，既」，姜氏以是歲七月癸亥朔，無壬辰，亦失閏。其八月壬辰朔，去交分入食限。大衍與姜氏合。郭氏亦云：「是歲八月壬辰朔，加時在晝，食六分十四秒。」

按自隱三年二月己巳日食，至此年七月壬辰朔日食，相距一百四十一月，大衍與古曆合，但前後皆後一月耳，則以其曆法之不同也。今日食在七月，與經合。

桓公四年 癸酉

正月小己丑。

二月大戊午。
三月小戊子。
四月大丁巳。
五月小丁亥。
六月大丙辰。
七月大丙戌。
八月小丙辰。
九月大乙酉。
十月小乙卯。
十一月大甲申。
十二月小甲寅。
閏月大補〔一〕癸未。

〔一〕「補」字原脱，據文淵閣本補。

桓公五年　甲戌

正月小癸丑。〔經甲戌、己丑，甲戌，二十二日。己丑，從赴。〕

二月大壬午。

三月小壬子。

四月大辛巳。

五月小辛亥。

六月大庚辰。

七月小庚戌。

八月大己卯。

九月小己酉。

十月大戊寅。

十一月大戊申。

十二月小戊寅。

〔經文書「正月甲戌、己丑，陳侯鮑卒」，杜氏云：「甲戌，前年十二月二十一日。己丑，此年正月六日。陳亂，故再赴。」

按杜氏自桓元年閏十二月，至桓七年始復閏十二月，相去凡六年，其中必失一閏。若以此年正月爲甲申朔，六日得己丑，無甲戌，則次年八月之壬午、九月之丁卯，七年二月之己亥皆不合〔一〕。愚于前年補閏十二月爲癸未朔，此年正月癸丑朔，二十二日得甲戌，其己丑爲再赴之誤，不必辨，則六年、七年之月日皆合矣，似爲得之。

大衍曆是年閏在六月，推古曆亦同。今從杜曆，置桓公七年末。正月小乙卯朔，己卯日冬至，經己丑在二月。

桓公六年　乙亥

正月大丁未。

二月小丁丑。

三月大丙午。

四月小丙子。

〔一〕「七年」，原誤作「七月」，據文淵閣本改。

五月大乙巳。
六月小乙亥。
七月大甲辰。
八月小甲戌。經壬午，初九日。
九月大癸卯。經丁卯，二十五日。
十月小癸酉。
十一月大壬寅。
十二月小壬申。
大衍曆推八月大乙巳朔，九月小乙亥朔。

桓公七年　丙子

正月大辛丑。
二月小辛未。經己亥，二十九日。大衍曆二月大壬寅朔，經己亥，在三月。
三月大庚子。
四月大庚午。

五月小庚子。

六月大己巳。

七月小己亥。

八月大戊辰。

九月小戊戌。

十月大丁卯。

十一月小丁酉。

十二月大丙寅。

閏月小丙申。

大衍曆置閏在明年三月，今從杜曆，閏此年末。

桓公八年 丁丑

正月大乙丑。經己卯，十五日。

二月小乙未。

三月大甲子。

四月小甲午。
五月大癸亥。經丁丑，十五日。
六月大癸巳。
七月小癸亥。
八月大壬辰。
九月小壬戌。
十月大辛卯。
十一月小辛酉。
十二月大庚寅。
大衍曆五月小乙未朔，經丁丑，在六月。
大衍曆是年閏在三月，推古曆，當閏二月。今從杜曆。

桓公九年　戊寅
正月小庚申。
二月大己丑。

三月小己未。
四月大戊子。
五月小戊午。
六月大丁亥。
七月小丁巳。
八月大丙戌。
九月小丙辰。
十月大乙酉。
十一月大乙卯。
十二月小乙酉。

桓公十年 己卯

正月大甲寅。經庚申，初七日。
二月小甲申。
三月大癸丑。

四月小癸未。
五月大壬子。
六月小壬午。
七月大辛亥。
八月小辛巳。
九月大庚戌。
十月小庚辰。
十一月大己酉。
十二月小己卯。經丙午，二十八日〔一〕。
閏月大戊申。
大衍曆推正月大乙酉朔，乙巳日冬至。經庚申，在二月。
大衍曆是年閏在十一月。推古曆亦然。杜曆置閏于下年正月，今于是年十二月閏，

〔一〕「經丙午二十八日」凡七字，原脱，據文淵閣本補。

以合三年一閏之數。

桓公十一年 庚辰

正月大戊寅。
二月小戊申。
三月大丁丑。
四月小丁未。
五月大丙子。經癸未，初八日。
六月小丙午。
七月大乙亥。
八月小乙巳。
九月大甲戌。傳丁亥，十四日。己亥，二十六日。
十月小甲辰。
十一月大癸酉。
十二月小癸卯。

桓公十二年　辛巳

正月大壬申。

二月小壬寅。

三月大辛未。

四月小辛丑。

五月大庚午。

六月大庚子。經壬寅，初三日。

七月小庚午。經丁亥，十八日。

八月大己亥。經壬辰，杜氏云：「八月無壬辰，壬辰在七月二十三日。」

九月小己巳。

十月大戊戌。

十一月小戊辰。經丙戌，十九日。

十二月大丁酉。經丁未，十一日。

閏月小丁卯。

杜氏曆置閏于下年正月，然于經傳日月無據。今置此年之末。

大衍曆推六月大辛未朔，經壬寅，在七月。七月小辛丑朔，經丁亥，在八月。十一月小己亥朔，經丙戌在十月。十二月大戊辰朔，經丁未，在十一月。

桓公十三年 壬午

正月大丙申。

二月小丙寅。經己巳，初四日。

三月大乙未。

四月小乙丑。

五月大甲午。

六月小甲子。

七月大癸巳。

八月小癸亥。

九月大壬辰。

十月大壬戌。

十一月小壬辰。
十二月大辛酉。
大衍曆推是年閏七月，推古曆亦同。今置上年末。

桓公十四年　癸未

正月小辛卯。
二月大庚申。
三月小庚寅。
四月大己未。
五月小己丑。
六月大戊午。
七月小戊子。
八月大丁巳。經壬申，十六日。乙亥，十九日。
九月小丁亥。
十月大丙辰。

十一月小丙戌。

十二月大乙卯。經丁巳，初三日。

大衍曆推八月大戊子朔，經壬申、乙亥在九月。十二月大丙戌朔，經丁巳，在十一月，或明年正月初二日。

桓公十五年 甲申

正月大乙酉。

二月小乙卯。

三月大甲申。經乙未，十二日。

四月小甲寅。經己巳，十六日。

五月大癸未。

六月小癸丑。傳乙亥，二十三日。

七月大壬午。

八月小壬子。

九月大辛巳。

十月小辛亥。
十一月大庚辰。
十二月小庚戌。
閏月大己卯。

大衍曆推正月丙辰朔，三月大乙卯朔，經乙未在四月。四月小乙酉朔，經己巳在五月。

杜氏曆閏在明年六月，恐太疎，今置此年末，以成三年一閏之例，且于經傳日月無碍。

桓公十六年　乙酉

正月小己酉。
二月大戊寅。
三月小戊申。
四月大丁丑。
五月大丁未。
六月小丁丑。

七月大丙午。

八月小丙子。

九月大乙巳。

十月小乙亥。

十一月大甲辰。

十二月小甲戌。

大衍曆是年閏在四月，古曆亦閏四月。今已置上年末。

桓公十七年　丙戌

正月大癸卯。經丙辰，十四日。

二月小癸酉。經丙午，誤。

三月大壬寅。

四月小壬申。

五月大辛丑。經丙午，初六日。

六月小辛未。經丁丑，初七日。

七月大庚子。
八月大庚午。經癸巳，二十四日。
九月小庚子。
十月大己巳。經日食，書朔不書日。傳辛卯，二十三日。
十一月小己亥。
十二月大戊辰。

經書二月丙午，杜氏云：「二月無丙午，丙午，三月四日也，日月必有誤。」蓋據五月有丙午、六月有丁丑，則丙午不在二月，而在三月可知。其云初四日者，以三月朔爲癸卯也，或「丙子」誤「丙午」。

經書「冬，十月朔，日有食之」，左氏云：「不書日，官失之。」大衍推得十一月庚午朔日食，失閏也。郭氏云：「是年十一月不言日，加時在晝，交分二十六日八千五百六十分，入食限。」按庚午爲八月朔，已前兩月矣。十月初二日得庚午，或食在二日也，然與經「朔」字不合。

按自桓三年七月壬辰朔日食，至此年十月庚午日食，推古曆相距一百七十六月。

大衍亦同。杜曆少一月，則知前桓四年一閏不可不補也。

大衍曆推正月小乙亥朔，壬午日冬至，經丙辰在二月。五月小癸酉朔，經丙午在六月。六月大壬寅朔，經丁丑，在七月。八月大辛丑朔，經癸巳，在九月。十月大庚子朔，日食在十一月庚午朔。

桓公十八年 丁亥

正月小戊戌。

二月大丁卯。

三月小丁酉。

四月大丙寅。經丙子，十一日。丁酉，入五月。

五月小丙申。經丁酉，杜氏云：「丁酉，五月初一日，有日而無月。」不蒙上「夏四月」之文也。

六月大乙丑。

七月小乙未。傳戊戌，初四日。

八月大甲子。

九月小甲午。

十月大癸亥。

十一月小癸巳。

十二月大壬戌。經己丑，二十八日。

大衍曆推四月大丁酉朔，經丙子在五月；丁酉，在六月。十二月大癸巳朔，經己丑，在十一月二十六日。

按章法，桓十八年當閏十二月，今省之以就杜曆〔一〕。

〔一〕「杜曆」二字原脱，據文淵閣本補。

春秋長曆十

曆存

長曆退兩月譜 自莊元年至僖五年止〔一〕

莊公元年 戊子

正月大壬辰。

二月小壬戌。

三月大辛卯。

四月小辛酉。

〔一〕自「長曆」至「年止」凡十五字，原無，據文淵閣本補。

五月大庚寅。
六月小庚申。
七月大己丑。
八月小己未。
九月大戊子。
十月小戊午。經乙亥，十八日。
十一月大丁亥。
十二月小丁巳。
閏月大丙戌。

大衍曆閏在正月，杜曆閏十月。今置年末，與經傳日月無礙。

莊公二年　己丑〔一〕

正月小丙辰。

〔一〕「己」，原譌作「乙」，據文淵閣本改。

二月大乙酉。
三月小乙卯。
四月大甲申。
五月大甲寅。
六月小甲申。
七月大癸丑。
八月小癸未。
九月大壬子。
十月小壬午。
十一月大辛亥。
十二月小辛巳。經乙酉，初五日。

大衍曆推十二月大壬子朔，經乙酉，在十一月。

莊公三年 庚寅

正月大庚戌。

二月小庚辰。
三月大己酉。
四月小己卯。
五月大戊申。
六月小戊寅。
七月大丁未。
八月大丁丑。
九月小丁未。
十月大丙子。
十一月小丙午。
十二月大乙亥。
閏月小乙巳。

大衍曆是年置閏九月，推古曆亦同。杜曆置明年四月，似無據。今置此年之末。

莊公四年　辛卯

正月大甲戌。
二月小甲辰。
三月大癸酉。
四月小癸卯。
五月大壬申。
六月小壬寅。經乙丑，二十四日〔一〕。
七月大辛未。
八月小辛丑。
九月大庚午。
十月小庚子。
十一月大己巳。
十二月大己亥。

〔一〕「二」字原脱，據文淵閣本補。

大衍曆推六月大癸酉朔，經乙丑，在七月。

莊公五年　壬辰〔一〕

正月小己巳。

二月大戊戌。

三月小戊辰。

四月大丁酉。

五月小丁卯。

六月大丙申。

七月小丙寅。

八月大乙未。

九月小乙丑。

十月大甲午。

〔一〕「莊公五年壬辰」五字原脱，據文淵閣本補。

十一月小甲子。
十二月大癸巳。
莊公六年　癸巳
正月小癸亥[一]。
二月大壬辰。
三月大壬戌。
四月小壬辰。
五月大辛酉。
六月小辛卯。
七月大庚申。
八月小庚寅。
九月大己未。

〔一〕「小」，原誤作「大」，據文淵閣本改。

十月小己丑。

十一月大戊午。

十二月小戊子。

大衍曆于是年閏五月，推古曆亦當閏六月。杜曆置此閏于明年四月後，以合于前四月之辛卯。去莊四年四月閏，凡三十六月。其後，莊九年閏八月，相去僅二十八月。莊十一年閏三月，相去僅十八月。莊十四年閏五月，相去又三十八月。莊十七年閏六月，相去又三十七月。此十四年間〔一〕，凡五閏，皆疎數無定凖，惟推勘經傳日月之上下而置之。若按三年一閏、五年再閏之例，互爲易置，或置之年末，則與經傳日月皆不合。今姑從杜曆，以俟考曆者訂焉。

莊公七年　甲午

正月大丁巳。

二月小丁亥。

〔一〕「間」，原作「閏」，據文淵閣本改。

三月大丙辰。
四月小丙戌，經辛卯，初六日。杜曆是月丁亥朔，辛卯，初五日。
閏月大乙卯。
五月小乙酉。
六月大甲寅。
七月大甲申。
八月小甲寅。
九月大癸未。
十月小癸丑。
十一月大壬午。
十二月小壬子。

莊公八年　乙未

正月大辛巳，經甲午，十四日。
二月小辛亥。

三月大庚辰。
四月小庚戌。
五月大己卯。
六月小己酉。
七月大戊寅。
八月小戊申。
九月大丁丑。
十月小丁未。
十一月大丙子，經癸未，初八日。
十二月大丙午。

大衍曆推是年正月大壬子朔，己巳日冬至。經甲午，在二月。十一月小戊申朔，經癸未，在十二月。

莊公九年 丙申

正月小丙子。

二月大乙巳。
三月小乙亥。
四月大甲辰。
五月小甲戌。
六月大癸卯。
七月小癸酉，經丁酉，二十五日。
八月大壬寅，經庚申，十九日。
閏月小壬申。
九月大辛丑。
十月小辛未。
十一月大庚子。
十二月小庚午。
大衍曆是年置閏三月，推古曆閏二月。今杜曆閏八月。

莊公十年　丁酉

正月大己亥。
二月大己巳。
三月小己亥。
四月大戊辰。
五月小戊戌。
六月大丁卯。
七月小丁酉。
八月大丙寅。
九月小丙申。
十月大乙丑。
十一月小乙未。
十二月大甲子。

莊公十一年　戊戌

正月小甲午。
二月大癸亥。
三月小癸巳。
閏月大壬戌。
四月小壬辰。
五月大辛酉。經戊寅，十八日。
六月大辛卯。
七月小辛酉。
八月大庚寅。
九月小庚申。
十月大己丑。
十一月小己未。
十二月大戊子。

大衍曆推是年閏十一月，推古曆亦同。今杜曆閏三月。

莊公十二年 己亥

正月小戊午。

二月大丁亥。

三月小丁巳。

四月大丙戌。

五月小丙辰。

六月大乙酉。

七月小乙卯。

八月大甲申。經甲午，十一日。

九月大甲寅[一]。

十月小甲申[二]。

[一]「大」，原作「小」，據文淵閣本改。

[二]「小」，原作「大」，據文淵閣本改。

十一月大癸丑。

十二月小癸未。

大衍曆推是年八月小丙辰朔，經甲午，在九月。

莊公十三年　庚子

正月大壬子。

二月小壬午。

三月大辛亥。

四月小辛巳。

五月大庚戌。

六月小庚辰。

七月大己酉。

八月小己卯。

九月大戊申。

十月小戊寅。

十一月大丁未。
十二月小丁丑。

莊公十四年　辛丑

正月大丙午。
二月大丙子。
三月小丙午。
四月大乙亥。
五月小乙巳。
閏月大甲戌。
六月小甲辰。經甲子，二十一日。
七月大癸酉。
八月小癸卯。
九月大壬申。
十月小壬寅。

十一月大辛未。
十二月小辛丑。
大衍曆是年閏八月，推古曆閏七月。今從杜曆，閏五月。

莊公十五年　壬寅。莊之年，史臣紀事多不載甲子。
正月大庚午。
二月小庚子。
三月大己巳。
四月小己亥。
五月大戊辰。
六月大戊戌。
七月小戊辰。
八月大丁酉。
九月小丁卯。
十月大丙申。

十一月小丙寅。

十二月大乙未。

莊公十六年 癸卯

正月小乙丑。

二月大甲午。

三月小甲子。

四月大癸巳。

五月小癸亥。

六月大壬辰。

七月小壬戌。

八月大辛卯。

九月大辛酉。

十月小辛卯。

十一月大庚申。

十二月小庚寅。

莊公十七年　甲辰

正月大己未。
二月小己丑。
三月大戊午。
四月小戊子。
五月大丁巳。
六月小丁亥。
閏月大丙辰。
七月小丙戌。
八月大乙卯。
九月小乙酉。
十月大甲寅。
十一月小甲申。

十二月大癸丑。

大衍是年閏四月，推古曆亦同。今從杜曆閏六月。

莊公十八年　乙巳

正月大癸未。

二月小癸丑。

三月大壬午。經日食。

四月小壬子。

五月大辛巳。

六月小辛亥。

七月大庚辰。

八月小庚戌。

九月大己卯。

十月小己酉。

十一月大戊寅。

十二月小戊申。

經文書「春，王三月，日有食之」，不言日不言朔，杜氏云：「官失之也。」穀梁云：「夜食也。」宋劉孝孫云：「三月不應食[一]，五月壬子朔，入食限。」大衍曆推五月朔交分入食限，三月不應食。郭氏云：「三月不入食限，五月壬子朔，加時在晝，交分入食限。蓋誤五爲三。」

按推曆者皆云壬子食，而長曆四月得壬子朔，蓋必日食之前少置一閏，而以四月爲三月耳。郭氏云「誤五爲三」，然「五」「三」近似，而「春」「夏」不得誤也。經明書春三月，則非夏五月可知。

沈括云：「春秋日食三十六，曆家推驗精者不過二十六，衞朴得三十五，獨莊十八年三月，古今算不入食限。」閻百詩云：「是年乙巳歲二月有閏，三月癸未朔未初初刻合食限。衞朴云不入食限者，不知何説也。」

按三十六食中，有比月而食者二，從無曆家推合者。衞氏何以得之？莊十七年已閏，十八年二月何得再閏？癸未當作壬子，閻説亦似有誤。

[一]「不應」，原倒作「應不」，據文淵閣本乙正。

莊公十九年　丙午

正月大丁丑。

二月小丁未。

三月大丙子。

四月大丙午。

五月小丙子。

六月大乙巳。傳庚申，十六日。

七月小乙亥。

八月大甲辰。

九月小甲戌。

十月大癸卯。

十一月小癸酉。

十二月大壬寅。

推算古曆，是年閏十二月。

莊公二十年 丁未
正月小壬申。
二月大辛丑。
三月小辛未。
四月大庚子。
五月小庚午。
六月大己亥。
七月小己巳。
八月大戊戌。
九月大戊辰。
十月小戊戌。
十一月大丁卯。
十二月小丁酉。

閏月大補〔一〕丙寅。

大衍曆是年閏正月，今補于此，説見下。

按杜曆自莊十七年閏六月，至莊二十四年始閏七月，凡相去八十五月，不應閏法疎闊如此。今推勘上下日月，其十九年六月内有庚申，是，已而下年之五月則無辛酉，七月則無戊辰，至二十二年月日皆不合，以是知年前失一閏也。豈杜曆傳本失之耶？今于此年補一閏，則皆合矣。

莊公二十一年　戊申

正月小丙申。

二月大乙丑。

三月小乙未。

四月大甲子。

五月小甲午。經辛酉，二十八日。

〔一〕「補」字原脱，據文淵閣本補。

六月大癸亥。
七月小癸巳。〔經戊戌，初六日。〕
八月大壬戌。
九月小壬辰。
十月大辛酉。
十一月小辛卯。
十二月大庚申。

莊公二十二年　己酉

正月大庚寅。〔經癸丑，二十四日。〕
二月小庚申。
三月大己丑。
四月小己未。
五月大戊子。
六月小戊午。

七月大丁亥。經丙申，初十日。

八月小丁巳。

九月大丙戌。

十月小丙辰。

十一月大乙酉。

十二月小乙卯。

大衍曆推七月大戊午朔，經丙申，在八月。

大衍曆是年閏在十月，古曆閏九月，今置下年末。

莊公二十三年 庚戌

正月大甲申。

二月小甲寅。

三月大癸未。

四月大癸丑。

五月小癸未。

六月大壬子。傳壬申，二十一日〔一〕。壬申見文十七年傳，注云「二十四日」，誤。
七月小壬午。
八月大辛亥。
九月小辛巳。
十月大庚戌。
十一月小庚辰。
十二月大己酉，經甲寅，初六日。
閏月小己卯。
杜氏曆閏在下年七月，今置此年之末。

莊公二十四年 辛亥

正月大戊申。
二月小戊寅。

〔一〕「一」，原作「二」，據文淵閣本改。

三月大丁未。
四月小丁丑。
五月大丙午。
六月小丙子。
七月大乙巳。
八月大乙亥。經丁丑，初三日。戊寅，初四日。
九月小乙巳。
十月大甲戌。
十一月小甲辰。
十二月大癸酉。
杜氏曆是年閏七月，今置上年末。

莊公二十五年 壬子

正月小癸卯。
二月大壬申。傳壬戌，見文十七年傳，注云：「三月二十日。」

三月小壬寅。
四月大辛未。
五月小辛丑。經癸丑，十三日。
六月大庚午。經辛未朔，日食。
七月小庚子。
八月大己巳。
九月小己亥。
十月大戊辰。
十一月大戊戌。
十二月小戊辰。

經書「六月辛未朔，日有食之」，杜氏云：「辛未，實七月朔，置閏失所，故致月錯。」

按此年日食，不獨非六月朔，亦非七月朔也。辛未在四月朔耳。若依杜曆，從隱元年前一月推至此，則辛未朔即六月，不知杜曆何以言七月朔也。但不合于僖五年之辛亥朔及戊申朔，奈何？

大衍是年正月小甲戌朔，戊戌日冬至。五月大壬申朔，六月小壬寅朔，經五月癸丑，在此月。七月大辛未朔，日食，郭氏亦云：「七月辛未朔，加時在晝，交分二十七日四百八十九，入食限。」此二曆與杜曆所推略同，然自以其曆推春秋，非春秋當日之本曆也。

莊公二十六年　癸丑

正月大丁酉。
二月小丁卯。
三月大丙申。
四月小丙寅。
五月大乙未。
六月小乙丑。
七月大甲午。
八月小甲子。
九月大癸巳。
十月小癸亥。

十一月大壬辰。

十二月小壬戌。經癸亥朔，日食。

經書「十二月癸亥朔，日有食之」，大衍曆同。郭氏亦云：「是年十二月癸亥朔，加時在晝，交分十四日三千五百五十一，入食限。」

按癸亥在十月朔，經書十二月朔，疑是食二，然與「朔」字不合。若如上年辛未朔〔一〕，曲變之法，則于此十二月即癸亥朔矣。

大衍曆于莊二十五年閏六月，古曆亦同。今杜閏不在二十五年，而在二十八年三月，不太疎乎？宜于此年補一閏，説見後。

莊公二十七年 甲寅

正月大辛卯。

二月小辛酉。

三月大庚寅。

〔一〕「若」，原作「者」，據文淵閣本改。

四月大庚申。
五月小庚寅。
六月大己未。
七月小己丑。
八月大戊午。
九月小戊子。
十月大丁巳。
十一月小丁亥。
十二月大丙辰。

莊公二十八年　乙卯

正月小丙戌。
二月大乙卯。
三月小乙酉。〔經甲寅，下月朔，誤。
閏月大甲寅。

四月小甲申。經丁未，二十四日。

五月大癸丑。

六月小癸未。

七月大壬子。

八月大壬午。

九月小壬子。

十月大辛巳。

十一月小辛亥。

十二月大庚辰。

大衍曆于是年閏二月小丙戌朔，經三月甲寅在此月二十九日。三月大乙卯朔，經四月丁未，在此月二十三日。推古曆，亦當閏二月。按曆法也〔一〕。

按杜曆是年閏三月，蓋欲合于前月之甲寅、後月之丁未，其法是矣。然距前莊二十四年七月閏則太疎，距後莊三十年二月閏則太密，似未合古法。若以甲寅日爲干支之

〔一〕「按曆法也」四字，語意未完，疑是羨文。

誤，姑闕所疑，則移此閏于莊二十六年之末，並移後閏于莊二十九年之末，庶兩閏均停合于三年一閏之例，而其中又無日月乖錯之患也。況經傳之日，杜駁甚多，何獨拘此一日乎？

又按杜曆自此年至僖五年，置閏者六，皆疏密不等。如此年之三月閏，去前閏四十五月。莊三十年之二月閏，去前閏二十四月。莊三十二年之三月閏，去前閏二十六月。閔二年之五月閏，去前閏二十七月。僖元年之十一月閏，去前閏十九月。僖五年之十二月閏，又去前閏四十九月。皆不計疏密，惟推勘經傳日月而得之。然其中無日月者甚多，不知以何爲據？若欲盡按曆法以正之，則經傳之干支率多不合〔一〕。故今姑仍其舊，以俟參考。

又按杜曆置閏，惟推勘經傳上下干支，故疏密不等，不復依曆法。愚以曆法班自天子，掌之太史，必有一定之法，相傳已久，豈容任意疏密？後之人當據曆以考經，不必泥經而紊曆也。且推勘經傳上下文，必合前後日食以推之，始爲精密。至于日之干支，傳寫數千年，不無一字偶差；而左氏採各國史文，豈無彼此互異？惟日食乃魯史所紀，聖

〔一〕「率」，原誤作「立」，據文淵閣本改。

人據之直書，可以考訂曆法譌謬也。

莊公二十九年　丙辰

正月小庚戌。

二月大己卯。

三月小己酉。

四月大戊寅。

五月小戊申。

六月大丁丑。

七月小丁未。

八月大丙子。

九月小丙午。

十月大乙亥。

十一月大乙巳。

十二月小乙亥。

莊公三十年 丁巳

正月大甲辰。

二月小甲戌。

閏月大癸卯。

三月小癸酉。

四月大壬寅。傳丙辰,十五日。

五月小壬申。

六月大辛丑。

七月小辛未。

八月大庚子。經癸亥,二十四日。大衍曆八月大辛未朔,經癸亥,在九月。

九月小庚午。經庚午朔,日食。

十月大己亥。

十一月小己巳。

十二月大戊戌。

經書「九月庚午朔,日有食之」,大衍、授時二曆皆云十月庚午朔日食,非九月也。然從隱元年退一月算之，則九月庚午朔日食，與經合。且上合于隱三年之二月己巳、桓三年之七月壬辰，下合于僖五年之九月戊申、僖十二年之三月庚午，所不合者，莊二十五年之六月辛未、二十六年之十二月癸亥，率先兩月。若曲變其法以從之，則所合者又復不合，未知何説也。

大衍曆于是年閏十一月，古曆同。杜曆閏二月，可移置上年末。説見莊二十八年。

莊公三十一年　戊午〔一〕

正月小戊辰。
二月大丁酉。
三月大丁卯。
四月小丁酉。
五月大丙寅。
六月小丙申。

〔一〕「戊午」，原作「戊子」，據文淵閣本改。

七月大乙丑。
八月小乙未。
九月大甲子。
十月小甲午。
十一月大癸亥。
十二月小癸巳。

莊公三十二年 己未

正月大壬戌。
二月小壬辰。
三月大辛酉。
閏月小辛卯。
四月大庚申。
五月大庚寅。
六月小庚申。

七月大己丑。經癸巳，初五日。大衍曆七月大庚申朔，經癸巳，在八月。

八月小己未。經癸亥，初五日。大衍曆八月小庚寅朔，經癸亥，在九月。

九月大戊子。

十月小戊午。經己未，初二日。大衍曆十月小己丑朔，經己未，在十一月。

十一月大丁亥。

十二月小丁巳。

此年之閏可移置上年之末。蓋前閏皆三年，此二年一閏，則疏密適均，而去定閏不遠也。且去後一閏不致太密，益合。

閔公元年 庚申

正月大丙戌。

二月小丙辰。

三月大乙酉。

四月小乙卯。

五月大甲申。

六月小甲寅。經辛酉，初八日。大衍曆六月大乙酉朔，經辛酉，在七月。
七月大癸未。
八月小癸丑。
九月大壬午。
十月大壬子。
十一月小壬午。
十二月大辛亥。
大衍曆是年閏八月，杜曆閏于下年五月。

閔公二年　辛酉

正月小辛巳。
二月大庚戌。
三月小庚辰。
四月大己酉。
五月小己卯。經乙酉，初七日。

閏月大戊申。
六月小戊寅。
七月大丁未。
八月小丁丑。經辛丑，二十五日。大衍曆八月大戊申朔，經辛丑，在九月。
九月大丙午。
十月小丙子。
十一月大乙巳。
十二月小乙亥。

僖公元年　壬戌

正月大甲辰。
二月大甲戌。
三月小甲辰。
四月大癸酉。
五月小癸卯。

六月大壬申。
七月小壬寅。經戊辰，二十七日〔一〕。大衍曆七月小癸酉朔，經戊辰，在八月。
八月大辛未。
九月小辛丑。
十月大庚午。經壬午，十三日。大衍曆十月大辛丑朔，經壬午，在十一月。
十一月小庚子。
閏月大己巳。
十二月小己亥。經丁巳，十九日。

按杜曆於閔二年閏五月，此年又閏十一月，相距僅十八月。至僖五年始閏十二月，相距又四十九月，一太密一太疎，若稍移置之，則與經傳日月不合矣。今姑從之。

僖公二年　癸亥

正月大戊辰。

〔一〕「七」，原誤作「五」，據文淵閣本改。

二月小戊戌。

三月大丁卯。

四月大丁酉。

五月小丁卯。經辛巳，十五日。

六月大丙申。

七月小丙寅。

八月大乙未。

九月小乙丑。

十月大甲午。

十一月小甲子。

十二月大癸巳。

大衍曆是年閏五月。

僖公三年 甲子

正月小癸亥。

二月大壬辰。
三月小壬戌。
四月大辛卯。
五月小辛酉。
六月大庚寅。
七月小庚申。
八月大己丑。
九月大己未。
十月小己丑。
十一月大戊午。
十二月小戊子。

僖公四年　乙丑

正月大丁巳。
二月小丁亥。

三月大丙辰。
四月小丙戌。
五月大乙卯。
六月小乙酉。
七月大甲寅。
八月小甲申。
九月大癸丑。
十月小癸未。
十一月大壬子。
十二月小壬午。傳戊申，二十七日。

按古曆法以明年僖五年朔旦冬至爲曆元，則此年之十二月爲一蔀之終，餘分俱盡，當爲閏月。今杜曆無閏，既不詳曆元始于何年。而又云日南至爲朔旦冬至，曆數之所始，豈以朔旦爲日出之時，而不始于夜半子初耶？今殊不可考。

又按僖四年之前，置閏太蔟，當置一閏于此年之末。

又按此年十二月爲壬午朔，三十得辛亥，而傳以明年正月爲辛亥朔，與曆不合。故借此年末日辛亥爲明年朔日，則十二月小而正月大也。詳見後。

十二月壬午朔，月頻大，故有三十，令借於明年正月，則十二月小而明年正、二兩月皆大。

僖公五年　丙寅

正月大辛亥。傳辛亥朔，日南至。
二月大辛巳。
三月小辛亥。
四月大庚辰。
五月小庚戌。
六月大己卯。
七月小己酉。
八月大戊寅。
九月小戊申。經戊申朔，日食。

十月大丁丑。

十一月小丁未。

十二月大丙子。傳丙子朔。

傳「正月辛亥朔，日南至」，杜氏云：「朔旦冬至，曆數之所始。治曆者因此則可明其術數，審别陰陽，敘事、訓民也。」

四庫全書總目提要

春秋長曆十卷，國朝陳厚耀撰。厚耀字泗源，泰州人，康熙丙戌進士，官蘇州府教授，以通算入直内廷，改授檢討，終右諭德。是書補杜預長曆而作，不分卷帙，其凡有四：一曰曆證。備引漢書、續漢書、晉書、隋書、唐書、宋史、元史及左傳註疏、春秋屬詞、天元曆理及朱載堉曆法新書諸説，以證推步之異。其引春秋屬詞載杜預論日月差繆一條，爲注疏所無。又引大衍曆議春秋曆考一條，亦唐志所未録，尤足以資考證。二曰古曆。以古法十九年爲一章，一章之首推合周曆正月朔日冬至，前列算法，後以春秋十二公紀年，横列爲四章，縱列十二臣公，積而成表，以求曆元。三曰曆編。舉春秋二百四十二年，一一推其朔閏及月之大小，而以經傳干支爲之證佐，皆述杜預之説而考辨之。四曰曆存。以古曆推隱公元年正月庚戌朔，杜氏長曆則爲辛巳朔，乃古曆所推之上年十二月朔，元年之前失一閏，蓋以經傳干支排次知之。厚耀則謂，如預之説，元年至七年中書日者雖多不失，而與二年八月之庚辰、三年十二月之戊申又不能合；且隱公三年二月己巳朔日食，桓公三年七月壬辰朔日食，亦皆失之。蓋隱公元年以前，非失一閏，乃多一閏，因退一月就之，定隱公元年正月爲庚辰朔，較長曆實退兩月，推至僖公五年止。以下朔閏因一一與杜曆符合，故不復續載焉。杜預書惟以干支遞排，而以閏月小建爲之遷就。厚耀明於曆法，故所推較預爲密，蓋非惟補其闕佚，並能正其譌舛，於考證之學，極爲有裨。治春秋者，固不可少此一編矣。